BIBLIOTHÈQUE DU JARDINIER.

LE CHAMPIGNON DE COUCHE,

CULTURE BOURGEOISE ET COMMERCIALE, RÉCOLTE ET CONSERVATION,

Par JEAN LACHAUME,
HORTICULTEUR A VITRY-SUR-SEINE.

DEUXIÈME ÉDITION. — 8 GRAVURES.

PARIS,
LIBRAIRIE AGRICOLE DE LA MAISON RUSTIQUE,
26, RUE JACOB, 26.

LE

CHAMPIGNON DE COUCHE.

TYPOGRAPHIE FIRMIN-DIDOT. — MESNIL (EURE).

BIBLIOTHÈQUE DU JARDINIER.

LE CHAMPIGNON DE COUCHE,

CULTURE BOURGEOISE ET COMMERCIALE, RÉCOLTE ET CONSERVATION,

PAR

JEAN LACHAUME,

HORTICULTEUR A VITRY-SUR-SEINE.

DEUXIÈME ÉDITION. — 8 GRAVURES.

PARIS,

LIBRAIRIE AGRICOLE DE LA MAISON RUSTIQUE,

26, RUE JACOB, 26.

—

1882.

HOMMAGE

A

MONSIEUR ALFRED COLLARD

LIEUTENANT-COLONEL D'ARTILLERIE DE LA GARDE, EN RETRAITE

Pour le concours bienveillant qu'il m'a prêté

J. L.

INTRODUCTION

En publiant ce livre, nous croyons combler une lacune ; cependant on a déjà beaucoup écrit sur les champignons : ouvrages théoriques, ouvrages pratiques, ouvrages hypothétiques, il y en a pour tous les goûts, pour toutes les imaginations. Nous ne prétendons pas juger ou critiquer ceux qui nous ont précédés, nous ne discuterons pas les théories et les méthodes, nous nous sommes placés à un autre point de vue. Vivant au milieu d'une population industrieuse qui a su donner à un produit, qui n'était qu'accessoire, une importance de premier ordre, nous avons cru intéressant de faire une monographie de cette culture spéciale, de mettre à la portée de tous des procédés qui n'ont rien de mystérieux et qui cependant produisent des miracles, car nos champignonnistes tirent de l'or du fond de ces carrières qu'on aurait pu croire rebelles à toute culture. Nous allons donc décrire minutieusement le travail du champignonniste dans les carrières de Paris et de ses environs, nous dirons ce que font ces habiles et intelligents ouvriers; emprunterons leur langage technique; nous les suivrons pas à pas depuis l'achat du fumier jusqu'à la vente du produit; nous dirons par quels procédés ils sont arrivés à un résultat très-rémunérateur, à un gain très-légitimement acquis. Ainsi, point de théorie pure, point de discussion botanique, point de problème de végétation à créer ou à résoudre; nous ne dirons de l'organisation mystérieuse de notre cryptogame que ce qu'il en faut dire pour qu'un lecteur intelligent, qui ne se trouverait pas dans les mêmes conditions de culture que nos champignonnistes puissent modifier leurs procédés sans comprometttre le succès de l'opération.

La culture du champignon est déjà ancienne; au commencement de ce siècle ce n'était en quelque sorte qu'une culture dérobée pour le maraîcher. On avait vu le champignon se produire spontanément sur les couches à melon; on cherchait à se mettre à peu près dans les mêmes conditions et on récoltait quand le produit voulait bien se montrer. Mais ce n'était pas là une culture régulière; il a fallu que la science vint révéler le mode de reproduction du champignon, que l'observation lente et intelligente découvrit dans quels milieux il se plaît, il a fallu encore que l'observateur trouvât à sa portée, et sans frais, ce milieu désiré. C'est ainsi que peu à peu a été créé sous Paris et sous sa banlieue cette culture régulière du champignon, culture qui est aujourd'hui une industrie de premier ordre, dont les produits se répandent régulièrement et abondamment dans toute la France, et sont représentés par plusieurs millions de francs. Le champignon, végétal bizarre, devait avoir une culture bizarre, sa production est indépendante des saisons; on produit dans les carrières, comme dans une fabrique quelconque, la marchandise arrive en tous temps et selon la demande de la consommation.

C'est presque miraculeux et il est juste de citer les noms de ceux qui, comme MM. Heurtot et Legrin, sont en quelque sorte les fondateurs de cette industrie, et aussi MM. Renaudot, Brique, Gérard, Barré, Buvin qui, dignes élèves des premiers maîtres, ont su donner à cette culture, le beau développement auquel elle est arrivée.

VOCABULAIRE

DES TERMES EMPLOYÉS DANS LA PRATIQUE.

Abatage, action d'abattre le plancher ou tas de fumier pour le rentrer dans la carrière et monter les meules.

Agues, reblanchir les agues, rapporter du bousin ou du cron pour recharger le sol de la masse de roche sur lequel les meules sont montées.

Repiquer les agues, c'est piocher le cron ou le bousin qui forme la base des meules pour le remettre à neuf. Ce repiquage a lieu lorsque la surface du bousin a perdu son salpêtre.

Bassinage, action d'arroser légèrement la terre des meules pour les fouler après le goptage.

Bousin, surface tendre de la pierre de taille que

les carriers font tomber en équarrissant et que les champignonnistes emploient pour gopter les meules. On appelle aussi le bousin *terre blanche.*

Brûlé se dit du blanc de champignon, qui ayant été mis dans une meule trop chaude a perdu par l'action de la chaleur les germes ou filaments reproducteurs.

Chanci se dit du blanc de champignon qui, par suite du refroidissement de la meule ou par un excès d'humidité, est attaqué par la *moisissure* ou *chancissure ;* il perd ses germes fertiles et se présente sous forme de petits filaments jaunâtres produits par un commencement de putréfaction. Il ne faut pas confondre cette moisissure avec celle qui se forme par groupes à la surface de la meule. Cette dernière, qui est d'un blanc pur, est au contraire d'un bon augure pour la récolte.

Chapeau, partie supérieure et demi-sphérique du champignon : il est porté par le pédicule.

Chaperon, terme employé pour désigner le sommet des meules ; qu'elles soient montées en acot ou en dos d'âne.

Cheminée, cône en planche dont la base mesure 1 mètre 30 cent. de diamètre sur 5 mètres de hauteur se réduisant au sommet à 0m 60 cent., où se trouve la bouche servant à la sortie des vapeurs aqueuses qui s'évaporent de l'intérieur des carrières. Ces cheminées sont assujetties solidement sur des traverses en bois qui recouvrent entièrement l'orifice du puits; quelquefois une porte est pratiquée à la base du cône, près de l'échelle, pour le service des ouvriers.

Cron, terre composée d'un mélange de sable et de débris de coquillages, provenant des carrières de craie, ou bien les plâtras et gravois que l'on emploie quand les meules sont montées dans des carrières à plâtre.

Essoucher, extraire les parties des pédicules qui sont restées sur la meule au moment de la récolte, et retirer les rochers.

Étêter, terme qui a rapport à la récolte des champignons.

Fleuri sur la panne, terme employé pour dire que les filaments de blanc s'étendent sur la surface des meules, en rayonnant autour des mises; ce qui s'annonce par la teinte bleuâtre que prend le fumier.

Forme, nom donné à l'emplacement où sont montés les planchers. Le fumier reste sur la forme jusqu'au moment où il y en a assez pour monter le plancher.

Galette de blanc, morceau de fumier à demi consommé contenant le mycélium ou germe des champignons. Les galettes se trouvent très-souvent dans les couches à melons ou sous les tas de fumier qui ont séjourné longtemps à la même place.

Gopter, étendre le bousin ou le cron d'une manière égale sur la surface des meules.

Larder, placer de petits morceaux de blancs, nommés *lardons* ou *mises*, à des distances convenues sur les talus des meules.

Lardons ou *mises*, petites galettes de blanc préparées pour le lardage, et contenant les sporules ou germes.

Meules, nom donné aux couches montées dans les carrières ou dans les caves. Elles sont dites *en acot* quand elles sont appuyées contre les parois de la carrière ou de la cave, elles n'ont dans ce cas qu'une seule pente; et *meules de fond* quand elles sont au milieu de la galerie ou de la cave; les meules de fond sont à deux pentes ou en dos d'âne.

Molle, maladie des champignons, sera spécialement décrite dans ce traité.

Montage du plancher. Première opération qu'on fait subir au fumier, en mélangeant toutes ses parties et lui donnant une forme cubique. Cette opération a pour but de faire jeter au fumier son premier feu, et de rendre ses parties homogènes, c'est-à-dire afin que le mélange du crottin et de la paille soit aussi parfait que possible.

Mycélium ou *mycelion*, substance blanche et filamenteuse vulgairement appelée blanc de champignon, et qui contient les sporules ou séminules, germes des champignons.

Pédicule, partie cylindrique du champignon qui porte le chapeau.

Peigner, débarrasser une surface des grands brins de paille ou de fumier qui débordent. On peigne les côtés d'un plancher pour en parer et égaliser les faces verticales : on peigne les meules pour en rendre la surface très-unie.

Plancher, masse de fumier montée en forme cubique, et qui subit toutes les manipulations nécessaires pour amener le fumier à l'état convenable pour la formation des meules.

Polka, espèce de petite brouette très-étroite vers la roue, à pieds rentrants, à fond à coulisse, destinée à transporter dans les sentiers entre les meules, les terres destinées au goptage. La polka est très en usage dans les carrières à plafond bas où l'on ne peut se servir de la hotte.

Reterrer, reboucher les trous laissés sur la couche par l'extraction des rochers, des souches de champignons murs ou attaqués par la molle. Le reterrage se fait avec la même terre que celle qui est employée pour le goptage

Retournage, opération qui consiste à refaire le plancher en le remaniant à la fourche, en le recommançant où la jauge est restée ouverte et reportant toutes les parties sèches et pailleuses sur la partie supérieure. Par cette manipulation, toutes les parties du fumier ont été successivement retournées.

Rocher, se dit d'une masse de champignons qui se sont développés sur le même point, et qui adhèrent à une espèce de plateau formé par la soudure de la partie inférieure des pédicules. C'est ordinairement à la place occupée par les lardons que se forment les rochers.

Rouille, maladie qui se déclare sur le chapeau du champignon. Elle provient du séjour trop prolongé de l'eau d'arrosage; elle se montre sous forme de taches brunes qui détruisent l'épiderme du chapeau, et qui s'étendent peu à peu sur toute la surface du champignon, amenant la pourriture et la mort.

Sporules, nom donné aux corpuscules reproducteurs des champignons; ils sont renfermés dans les galettes de blanc et se développent sur la couche, sous forme de filaments blancs, ronds, spongieux, et de grosseurs diverses.

Talochage, action de battre et de lisser la terre des meules pour bien la fixer au fumier, afin que l'eau des arrosages ne l'entraîne pas. C'est la dernière opération après le goptage.

Taloche, espèce de petite pelle en bois, large de 16 centimètres, longue de 25, et employée pour talocher. Le seul fabricant de taloches est à Montrouge.

CULTURE

DU

CHAMPIGNON DE COUCHE

CHAPITRE PREMIER

MODE DE FORMATION ET DE REPRODUCTION DES CHAMPIGNONS.

Nous abordons un sujet très-ardu, puisque pour les plus savants botanistes le chapitre des cryptogames reste plein d'obscurité ; nous n'avons pas la prétention de porter la lumière dans ces ténèbres, nous osons émettre une opinion basée sur l'observation pendant de longues années, et justifiée par les faits de la pratique expérimentale.

Pour bien définir le sujet à traiter, nous copierons les lignes suivantes dans le bel ouvrage de MM. Decaisne et Naudin, le *Manuel de l'amateur des jardins.* « Champignons. Cette grande classe de « végétaux, auxquels les noms de *cryptogames* et « *d'agames* conviennent, puisqu'on n'en connaît « pas avec certitude les organes sexuels, et qu'il est « même vraisemblable qu'un très-grand nombre « en est dépourvu, contient un nombre immense « de plantes qui varient à l'infini pour la taille, la « forme et la couleur. Les uns sont microscopiques « ou presque inperceptibles à l'œil nu, les autres « forment des masses plus ou moins volumineuses, « qui peuvent présenter toutes les teintes à l'ex- « ception du vert, car, aucun de ces végétaux ne « contient de chlorophylle. Ils ne sont jamais aqua- « tiques, tous naissent et se développent sur les « débris de corps organiques en voie de décompo- « sition : quelques-uns cependant semblent vivre « en parasites sur des végétaux vivants, mais pro- « bablement déjà malades et qu'ils achèvent de « désorganiser. Les vieilles écorces, les feuilles « mortes, le bois, les fruits, toutes les substances « végétales et animales, même modifiées par la « cuisson, lorsqu'elles sont dans de certaines con- « ditions d'humidité, de température et de lumière « peuvent donner naissance à ces végétaux.

« La classe des champignons comprend plu- « sieurs familles distinctes, divisées elles-mêmes « en un grand nombre de genres, parmi lesquels « il nous suffira de citer les mucots ou moisissu- « res, qui attaquent la plupart des corps organiques « en décomposition ; les erisyphes, dont une

« espèce, l'Erysiphe Tukeri, mieux connu sous le « nom d'oïdium, est, depuis quelques années, le « fléau des vignobles ; les agarics et les bolets, « dont plusieurs espèces sont comestibles et quel- « ques-unes même cultivées, telles par exemple, « que *l'agaric champêtre* ou champignon de cou- « che, mais dont quelques-unes aussi sont extrê- « mement vénéneuses ; *les morilles*, *les peziyes*, et « enfin les truffes, champignons souterrains dont « on connaît plusieurs espèces et qui croissent pour « la plupart au voisinage des racines du chêne. »

Voilà la matière à examiner savamment définie ; maintenant nous posons cette question : qu'est-ce que le champignon par rapport au blanc, au mycélium ? Certains auteurs ont dit que le mycélium était la plante, le blanc la semence et le champignon le fruit ; telle n'est pas notre opinion, pour nous le blanc, le mycélium, le champignon, ne sont que des modifications de mêmes éléments primordiaux, éléments qui nous échappent, dont nous constatons l'existence sans pouvoir dire quelle est leur état antérieur à leur apparition, d'où ils viennent, comment ils disparaissent.

Nous allons essayer de prouver la vérité de notre opinion par l'expérience et l'observation.

Le blanc que les champignonnistes regardent comme une semence, naît nous n'osons pas dire spontanément, mais dans des conditions dont une partie nous échappe. Le blanc se présente sous forme de filaments blanchâtres, spongieux, à tissu feutré, couvert quand il est frais d'une sorte de couche farineuse semblant renfermer des globules. Ces filaments sont, sinon creux, au moins très-poreux et capables de loger des sucs ou liquides dans leur cavité ; cette production ne ressemble à rien dans la végétation ordinaire, ce n'est pas l'aspect de racines, de rhizomes, de tubercules, c'est un facies *sui generis*. Le blanc récolté et séché peut se garder dix ans, mais si on le laisse exposé à l'air, à la lumière, à l'humidité, il s'atrophie, pourrit et disparaît.

Plaçons le blanc dans du fumier convenablement préparé, ni trop chaud ni trop froid, faisons le lardage : bientôt le blanc semble s'animer, il se transforme, les premiers filaments se gonflent, la forme cylindrique est bien accusée ; des globules farineux sortent des ramifications filamenteuses qui se dédoublant elles-mêmes forment un réseau embrassant les détritus du fumier, ou quelquefois se réunissent pour former une masse charnue ou plateau dit *rocher*. Dans cet état notre plante porte plus spécialement le nom de *mycelium*. Si on laisse le mycélium sur son fumier, on le verra faire un effort suprême, la végétation donnera son maximum de développement, le bout de quelques filaments semblera se tuméfier, quelques chétifs champignons pourront paraître, puis bientôt il ne restera plus que du fumier maculé de taches noires, restes du mycélium décomposé. Pas plus que le blanc exposé à l'air, à la lumière, le mycélium ne se trouve ainsi dans son milieu favorable.

Que si au contraire, quand le mycelium est dans son beau, quand *il fleurit sur panne*, nous goptons, c'est-à-dire si nous introduisons un élément fortement azoté, une nouvelle série de phénomènes va se produire. Les filaments se tuméfient : au lieu de continuer à s'étendre sur le fumier, ils viennent chercher l'air extérieur en traversant la couche de terre. Leur extrémité présente alors une sorte de granulation affectant des formes diverses; quelquefois on croirait voir un grain de plomb, ou bien une petite vessie large par sa base, le plus souvent de petites gourdes laissant paraître la ligne de démarcation du chapeau et du pédicule. Bientôt et en très-peu de temps ce germe se développe, prend un accroissement énorme et se présente sous sa forme définitive, le champignon formé d'un chapeau supporté par un pédicule. Laissant les choses suivre leur cours, on voit le champignon cesser de croître, le chapeau s'ouvre, se renverse, le pédicule se ramollit et notre champignon tombe à terre pour y pourrir : son évolution est terminée. C'est bien là la vie végétale ; de son origine, la semence a un produit final, en passant par différents milieux qui fournissent les éléments à la plante. Dans les plantes phanérogames, ce produit final est la graine, la semence qui doit reproduire la plante mère; notre champignon est aussi un porte-graine, c'est sur les lamelles du chapeau que se trouvent à nu, ou enveloppées, les sporules, organes reproducteurs.

Et ce qui prouve bien que l'évolution est complète c'est que les filaments qui ont servi de point de départ aux ramifications qui se sont transformées en champignons deviennent inertes et improductifs après l'apparition du champignon. On sait très-bien, dans les carrières de Paris, qu'une meule après la récolte est remplie de filaments, mais que ces filaments replacés dans une meule neuve ne produiraient rien.

Mais sommes-nous bien partis de l'origine des choses ? Le filament si ténu de notre blanc est-il bien réellement le point de départ de l'évolution, ou, selon l'opinion d'Ehrenberg, des sporules, embryons nus, ont-ils, en se développant, donné naissance à des filaments byssoïdes qui constituent la plante cryptogame : le champignon était alors le réceptacle des sporules. L'opinion d'Ehrenberg est logique, les probabilités sont en sa faveur ; le mystère n'est pas expliqué, car que deviennent ces sporules ? Pourquoi, loin de tout champignon, au fond d'une fosse remplie de paille et de crotins, ces filaments se développent-ils ? Il n'y a pas de génération spontanée, mais il y en a de bien mystérieuses. Revenons à la pratique ; je répète que je crois que dans l'évolution de notre plante, depuis le filament jusqu'au champignon, il n'y a qu'une matière unique qui, sous l'influence des milieux, subit différentes formes.

Des observations de détail confirment mon opinion.

Quand les filaments, en se développant, sont très-rapprochés, les germes se soudent en quelque sorte, et on voit paraître plusieurs champignons liés par la base; autour de cette base unique, d'autres petits champignons surgissent, poussant dans toutes les directions, et on a bientôt un plateau charnu dit rocher, qui a la consistance du champignon, mais qui n'est pas le champignon. C'est la soudure des parties de la masse en végétation, soudure qui, arrêtant le développement normal, force à une sorte d'avortement qui se termine par la constitution du rocher. La plante, sous cette forme, ne peut plus traverser la couche de terre et venir demander à l'air sa dernière transformation.

A chaque champignon, même quand plusieurs sont soudés par la base, correspond un filament qui lui apporte sa nourriture ; on peut le voir en faisant la section longitudinale de champignons soudés ensemble ; on trouve à l'intérieur un faisceau de filaments nourriciers.

Cependant cette masse en végétation ne peut se reproduire par elle-même; elle ne peut se bouturer; on ne peut, quoi qu'on ait dit, repiquer de petits champignons. Il serait peut-être exact de dire qu'à partir du premier filament il y a un placenta qui, sous l'influence d'agents extérieurs, subit diverses transformations intérieures jusqu'à production du réceptacle des sporules.

CHAPITRE II

L'AGARIC COMESTIBLE OU CHAMPIGNON DE COUCHE

Caractère

Les caractères spécifiques du champignon cultivé (*Agaricus edulis*) consistent dans son support ou tige de forme cylindrique, formé d'un tissu spongieux à épiderme blanche, pourvu d'un anneau formé de feuillets minces et qui n'est que l'expansion de l'épiderme : le chapeau porté par la tige a la forme d'une calotte sphérique posée bien d'aplomb sur la tige : sa couleur est d'un blanc mat lorsqu'il a crû dans l'obscurité, et d'un brun grisâtre quand il a vu la lumière. L'épiderme du chapeau est très-mince et s'enlève très-facilement en lamelles ; c'est là un caractère essentiel, car dans les champignons vénéneux l'épiderme est toujours très-adhérent. Le dessous du champignon est concave et garni par des feuillets très-minces, rayonnant du centre à la circonférence ; ces feuillets sont d'un rose-clair, qui passe au brun quelque temps après la cueillette du champignon. L'odeur *sui generis* est très-caractéristique, mais n'appartient pas exclusivement à l'agaric comestible, tandis que la couleur rose-clair des feuillets est la marque dis-

Fig. 1. — Champignons de couche.
(Agaricus edulis.)

tinctive de cet agaric, et à tel point que,lorsque cette couleur a disparu, le champignon ne devient pas vénéneux, mais d'une digestion si difficile qu'il provoque des accidents ressemblant aux symptômes d'empoisonnement.

L'épiderme du chapeau peut varier dans sa couleur : selon la variété il passe du blanc au gris fauve, au brun clair ou au blond. Ce ne sont là que des caractères accessoires. Il est plus important, après avoir bien déterminé les caractères typiques décrits plus haut, de considérer les proportions extérieures qui ont de l'influence sur la qualité culinaire. Un bon champignon doit avoir la tige courte, 0^m 04 au plus; le diamètre de la tige doit être moitié de celui du chapeau ; les bords de celui-ci doivent être repliés en dessous, sans laisser voir les feuillets.

Dans la végétation très-confuse du champignon, les anomalies sont fréquentes : on rencontre des champignons à deux têtes sur une seule tige ; la deuxième tête peut être placée latéralement. La section de ces produits anormaux montre toujours les faisceaux de filaments nourriciers isolés dans le principe, se confondant pendant un parcours plus ou moins long, et se séparant ensuite pour alimenter les divers chapeaux.

Le champignon cultivé dans les carrières est toujours plus petit que celui qui pousse spontanément dans les vieilles couches à melons, dans les prés ou dans les pépinières. La terre à gopter est très-maigre, il y a là très-peu d'humus, mais cette végétation relativement chétive est avantageuse au point de vue du commerce, le champignon moyen se vendant mieux que celui qui est gros ; cependant, on se rappelle, à Vitry, un champignon monstre, pesant 2 kilog. 500 gr., ayant en diamètre 0^m 35 au chapeau et 0^m 15 au pédicule. Il fut présenté, en 1846, au roi Louis-Philippe, par MM. David et Auguste Aimable, et leur valut une récompense de 100 fr. Ce qu'il y a de bizarre, c'est que la meule qui produisit ce phénomène ne donna presque rien; les mises furent improductives et toute la puissance semblerait s'être concentrée pour mettre au jour cet unique rejeton.

M. Carrière cite aussi un champignon énorme, qui, en octobre 1872, après des pluies d'orage, surgit tout à coup dans les pépinières du Muséum. Il avait 0m20 au chapeau, 0m15 au pédicule, et ce pédicule, à 0m04 de terre avait 0m07 de diamètre. Le poids était de 1 kilog. 470 gr. Ce champignon, à la couleur gris foncé, était très-sain et a été trouvé excellent après sa cuisson.

En résumé, le champignon de carrière, produit un peu factice, est plus blanc, plus petit que celui qui vient en plein air; c'est le résultat d'une nourriture plus maigre, d'une lumière plus rare; mais tel qu'il est, il a conquis sa place à la halle, on l'aime, on a confiance en lui, et le champignonniste ne gagnerait rien à le produire plus gros.

Variétés

Nous ne décrirons ici que les variétés cultivées pour le commerce et qui sont le plus en usage dans les arts culinaires.

1° Le petit blanc, dont le chapeau a de 2 à 4 centimètres de diamètre; le pédicule cylindrique a 5 centimètres de longueur et son tissu est plus spongieux que celui du chapeau. Ce champignon est très-estimé, attendu qu'il se mange tout entier.

2° Le gros blanc ; le chapeau peut arriver à 0,08 de diamètre sans que les bords soient ouverts ; le pédicule relativement court a 0,04 de diamètre et de couleur blanc de lait ; l'épiderme du chapeau est légèrement peluché et sa pulpe d'une grande fermeté, les feuillets sont rose carminé ;

3° Le blond ; le pédicule a 0,05 de longueur et 0,02 de diamètre, sa couleur est blanc de lait. Le chapeau a 5 à 6 centimètres de diamètre ; l'épiderme est peluché, nuancé de taches d'un blond fauve sur fond blanc, les feuillets sont d'un beau rose clair.

4° Le gris ; c'est le champignon cultivé qui atteint les plus grandes proportions. Son chapeau peut arriver à 0,35 de diamètre, et il n'est pas rare d'en trouver de 0,12 les bords non ouverts. L'épiderme du chapeau est gris fauve avec de larges peluches soyeuses ; le pédicule a environ 5 centimètres de hauteur et 3 de diamètre ; l'anneau est très-développé et ne permet de voir les feuillets que lorsque les bords du chapeau sont ouverts. La pulpe est très-ferme, d'une blancheur remarquable avec un arôme très-riche. Malgré ces belles qualités, cette variété est la moins estimée dans le commerce.

Ces variétés sont à peu près fixées tant qu'on reste dans les mêmes conditions ; mais j'ai vu du blanc de la variété *Blond* transporté d'une carrière dans une cave, donner du *Blanc* très-pur, ce qui ferait croire que le milieu dans lequel végètent les champignons a une grande influence sur leur coloris. Pour être bien fixé sur la variété il faut au moins deux cultures successives de blanc-vierge, afin de laisser au milieu et à la nature du fumier le temps de prononcer leur influence. Ainsi, du blanc vierge formé sur la colombine peut, à la première récolte d'une meule lardée avec ce blanc, donner du champignon blanc ou blond ; mais le blanc vierge levé sur cette meule et qui aura subi l'influence du fumier de cheval pourra varier à la seconde récolte.

CHAPITRE III

CULTURE DANS LES CARRIÈRES ET DANS LES CAVES

Carrières à champignon

Il y a dans le département de la Seine 3,000 carrières ; celles qui ne sont plus exploitées et qui se trouvent presque toutes très-près de Paris, à Montrouge, Bagneux, Vaugirard, Châtillon, Ivry, Vitry, Houilles, Saint-Denis sont occupées par les 250 champignonnistes du département.

Il y a quelques carrières à *bouches*, c'est-à-dire qui ont leur entrée au niveau du sol, entrée souvent praticable aux voitures, mais la majorité est *à puits ;* c'est par un puits de 30 à 40^{m}, garni d'une échelle verticale, que passe tout ce qui concerne la culture, ouvriers, matières premières et produits. Les ouvriers s'accrochent aux échelles ou mâts de perroquets dont les échelons sont à 0,50 l'un de l'autre, le fumier neuf est précipité du haut en bas ; le fumier usé et les champignons sont remontés manne par manne au moyen d'un treuil. L'intérieur des carrières est formé par des corridors irréguliers surtout quant à la hauteur sous plafond qui varie

Fig. 2. — Vue intérieure d'une carrière à champignons.

de 0^m80 à 2^m. C'est le long de ces corridors que le fumier doit être roulé souvent jusqu'à 300^m du puits. Quand le plafond est élevé, le travail est facile, et l'ouvrier s'avance guidé par la lampe fixée en tête de sa brouette, mais quand le plafond s'abaisse à 1_m, il faut marcher courbé, souvent à genoux et pousser péniblement la brouette chargée. On allége un peu ce travail très-pénible en établissant des relais plus ou moins rapprochés.

Autant dans l'intérêt de la santé des travailleurs que dans celui de la végétation, il faut que les carrières soient aérées. Si l'air ne se renouvelait pas, la respiration des hommes, la combustion des lampes, la fermentation lente du fumier rendraient promptement les carrières inhabitables. L'aérage s'établit au moyen de soupiraux ou puits d'un petit diamètre surmontés à partir du sol, d'une cheminée en planches ordinairement terminée elle-même par une gueule de loup. L'ouverture supérieure de la cheminée doit être plus élevée que celle du puits de descente et la gueule de loup doit être tournée vers le nord. Le nombre des puits d'aérage et la distance qui les sépare sont calculés d'après les besoins de chaque carrière. Le plus souvent les champignonnistes profitent des puits qui ont servi lors de l'extraction des pierres, mais s'ils sont obligés de faire creuser à leurs frais, c'est une dépense de deux cents à cinq cents francs par puits selon la profondeur.

Souvent les carrières communiquent entre elles,

alors l'aérage est facile, mais dans ce cas, les courants d'air peuvent être trop forts et amener de brusques changements de température, très-funestes pour les couches. On a recours à tous les moyens employés pour l'aérage des mines, portes de ventilation et foyers.

Dans les carrières à bouches, c'est-à-dire dans celles dont l'entrée est de plein pied avec le sol, l'aérage est presque toujours suffisant et le travail est beaucoup plus facile.

Les carrières se louent de 150 à 400 fr. par an, selon l'étendue de leurs galeries, leur hauteur sous plafond et la facilité de l'aérage.

Non-seulement il faut que les courants d'air soient réguliers dans leur force de translation, mais il est très-bon qu'ils soient toujours dirigés dans le même sens. En effet, quand le courant d'air change de sens, c'est qu'il y a eu dans l'une des parties de la carrière ou à l'extérieur un brusque changement de température, circonstance toujours fâcheuse pour les meules.

Il faut donc bien surveiller les variations atmosphériques et maintenir dans les galeries un courant d'air constant en direction et en température.

Si on opère dans une cave, il faut diriger le courant d'air du nord au sud et placer aux soupiraux des ventaux mobiles pour régler à volonté la somme d'air nécessaire pour la pousse du champignon.

Comme on le verra plus loin, l'arrosage est chose

très-importante dans la culture du champignon ; il faut donc aviser aux moyens de se procurer de l'eau dans les carrières. Le plus souvent, l'ouverture des carrières et l'emplacement des planchers sont loin des habitations et du puits ; les champignonnistes se servent alors de tonneaux de six hectolitres environ, montés sur roues. Ces tonneaux, au moyen d'un tube en toile dont la douille se visse sur le robinet ou canelle, envoient l'eau en bas des échelles où elle est reçue dans des bailles ou baquets.

Dans quelques carrières où les infiltrations sont régulières, on peut recueillir les eaux dans des réservoirs construits *ad hoc*. Cette circonstance est une véritable bonne fortune, pour le champignonniste. L'eau une fois rendue dans les réservoirs ou baquets est distribuée à l'arrosoir, travail toujours long et pénible. M. Renaudot a eu l'heureuse idée de faire arroser avec la fontaine du marchand de coco ; le robinet de distribution est garni d'un ajutage terminé par une pomme d'arrosoir, et l'ouvrier arrose en marchant plus ou moins vite, selon que la meule demande peu ou beaucoup d'eau. Il est vrai que ce mode ne peut être employé que dans les carrières à plafond élevé, mais il n'en rend pas moins de grands services, surtout à l'inventeur, dans les magnifiques carrières de Méry où sont ses cultures.

Les carrières ont 3 kilom. de longueur avec 4^m de hauteur sous plafond.

L'entrée principale est dans Méry et la sortie à Saint-Ouen-l'Aumône, près la gare où arrive le fumier de Paris.

Le 15 mai 1873, visitant les carrières de M. Renaudot à Méry, nous avons pu constater l'influence du courant d'air. La température extérieure était de 12° avec vent froid du nord ; la température des carrières était de 9°. Des meules abritées du courant d'air par les sinuosités des galeries étaient couvertes de champignons bons à cueillir, tandis que, sur les meules situées en plein courant et montées à un jour de distance, le champignon apparaissait à peine.

Qualités du fumier.

La réussite des couches dépend exclusivement de la qualité du fumier employé, aussi le choix des écuries est-il pour le champignonniste une affaire capitale. L'observation et l'expérience ont appris que le meilleur fumier pour couches était le fumier des chevaux entiers travaillant beaucoup et recevant une alimentation sèche, azotée, abondante et par conséquent un peu échauffante. Les chevaux des omnibus de Paris, et les chevaux de *gros harnais* qu'on voit attelés aux fardiers produisent le meilleur fumier ; la paille est fortement imprégnée d'une urine riche d'azote, d'ammoniaque et de phosphates ; le crotin est sec, abondant et se prête à la fermentation.

Après le fumier des chevaux entiers viennent, et par ordre de qualité, ceux du mulet, de l'âne, du mouton, du lapin, en appliquant à ces fumiers la même observation, que, plus le travail de l'animal est fort, plus la nourriture est échauffante, meilleur est le fumier. Le fumier des vaches laitières, celui des animaux nourris au vert ne vaut rien, il est trop aqueux ; celui des chevaux de luxe est médiocre, malgré la bonne nourriture donnée, parce qu'il y a trop de paille dans le fumier ; pour la bonne tenue de ces écuries, on ne donne pas au fumier le temps d'être imprégné par l'urine et le crotin n'est pas bien mélangé.

Le prix du fumier dans l'intérieur de Paris est de : chevaux d'omnibus 18 centimes par tête et par jour ; chevaux des petites voitures, 14 centimes ; chevaux chez les marchands, 12 à 14 centimes.

Mais il ne faut pas seulement que le champignonniste ait du bon fumier, il faut qu'il puisse réunir en quelques jours toute la quantité qui lui est nécessaire pour monter un plancher. Pour cela il s'adresse à M. Chédeville, fermier général de presque tous les fumiers de Paris, qui lui indique quelles sont les écuries qui en deux, trois ou quatre jours peuvent lui fournir le fumier nécessaire.

On ne peut apporter trop de soins dans le choix du fumier. Les mécomptes sont fréquents pour ceux qui se laissent aller à la négligence ou à l'économie. C'est une perte réelle de temps et d'argent quand la récolte ou le blanc viennent à manquer.

L'acquisition du fumier est la forte dépense pour le champignonniste, mais il trouve dans le fumier usé une petite compensation. Lorsque les couches sont démontées et le fumier hissé au bord du puits, on trouve facilement des acquéreurs au prix de 5 à 7 francs le mètre cube; mais il faut remarquer qu'à ce moment un mètre cube de fumier usé représente deux mètres à deux mètres et demi de fumier neuf.

Tel quel, il est très recherché par les agriculteurs et par les jardiniers; ceux-ci l'emploient très-avantageusement pour pailler les corbeilles de fleurs et les planches de légumes repiqués (1). On a cru qu'on pouvait encore employer ce fumier usé pour la production des champignons, c'est une erreur. On aperçoit bien çà et là quelques filaments blancs qu'on pourrait prendre pour du blanc, mais ce ne sont que des résidus inertes, stériles et généralement chancis. Ce serait chercher l'insuccès que de tenter une culture avec de pareils éléments.

(1) Dans les carrières où les voitures peuvent entrer, le fumier usé se vend facilement 1 fr. à 1 fr. 25 les deux mètres courants de couche.

Montage du plancher.

Le montage du plancher est une opération importante qui demande des soins et une grande habitude. En effet c'est par l'expérience et de longues observations qu'on est arrivé à connaître le degré d'avancement dans la fermentation et la décomposition du fumier, moment qu'il faut saisir pour abattre le plancher.

Pour établir un plancher il faut choisir près du puits ou de la bouche de la carrière un endroit appelé *forme* et qui doit être sec, plan et très-propre : et de plus rapproché de l'eau autant que possible pour éviter les transports.

La quantité de fumier nécessaire, une fois déchargée sur la forme, y reste quelques jours en tas; puis on procède au montage. Le plancher est un tas de fumier auquel on donne la forme d'un cube ou d'un parallélipipède plus ou moins allongé, suivant la quantité de fumier dont on dispose ou de la longueur des meules à monter. Un mètre cube de fumier préparé sortant du plancher donne dix mètres courants de meules, et la brouettée de fumier donne un mètre de meule.

On commence le plancher du côté où la dernière voiture a été déchargée ; on forme une bordure qui détermine la largeur du plancher, largeur qui dépend du volume à établir. Les plus petits planchers des environs de Paris sont de 5 mètres de long sur 4 mètres de large et 0^m,80 de hauteur. La bordure établie, on continue à monter en secouant et délitant chaque fourchée de fumier afin de bien mélanger le crotin et la paille, les parties sèches et les parties humides : on jette de côté tous les corps étrangers. En commençant le plancher, on lui donne de suite la hauteur de 1 *mètre* en établissant un talus de 30 à 35 cent. de pente : on continue jusqu'à épuisement du tas de fumier, mélangeant toutes les parties et arrosant le talus avec des arrosoirs à pomme, quand le fumier est trop sec. Le plancher monté, on conserve le talus du côté par lequel on a fini, puis on peigne les faces avec la fourche et tous les débris sont ramassés et épandus sur le plancher, enfin on termine l'opération en marchant et foulant la surface supérieure qui doit par suite de ces pressions s'abaisser à 0^m,80 du sol. Le plancher terminé reste dans cet état pendant six à sept jours.

Premier retournage. — Au bout de six jours on remanie le plancher en commençant par le côté où la jauge est restée ouverte ; on établit la bordure et on monte de suite à 1 mètre, secouant le fumier à la fourche, le délitant avec soin, l'arrosant successivement et régulièrement pour que toutes les parties soient également humectées, recommençant en un mot tout le travail précédent, de plus on a soin de rentrer dans l'intérieur le fumier des faces qui se trouve plus desséché. On continue jusqu'à épui sement du premier plancher, on conserve la jauge, on peigne, on foule et on abandonne le plancher à lui-même pendant six jours. La quantité d'eau d'arrosage est indiquée par l'état plus ou moins sec du fumier pendant les manipulations du premier retournage.

Deuxième retournage. — Six jours après le premier retournage, soit le douzième jour depuis le commencement du travail, le plancher s'est abaissé à $0^m,70$. La surface extérieure est brune, la fermentation est encore très-forte ; le fumier a perdu son odeur primitive ; l'intérieur de la masse est d'un brun foncé avec parcelles blanches qui désignent les points où la fermentation a été la plus forte ; c'est alors qu'on fait le deuxième retournage en procédant comme pour le premier. On commence par le côté de la jauge, on monte de suite à 1 mètre ; on arrose par chaque couche de $0^m,30$ dressée sur la jauge, on peigne, on foule, on arrose et le tout reste encore trois jours sur la forme et se réduit à $0^m,80$ de hauteur. Alors et par conséquent, le quinzième jour après la première manipulation, on abat le plancher et on transporte le fumier près de l'emplacement de la meule.

Telle est la règle générale, mais qui n'a rien d'absolu ; elle peut être modifiée par les circonstances. Ainsi il arrive quelquefois que dans les hivers pluvieux et au moment de la fonte des neiges la fermentation se fait irrégulièrement, alors après le premier retournage on jette le fumier dans les puits et on achève le travail au pied de l'échelle. On évite ainsi les pertes subies dans l'hiver très-pluvieux de 1872-73 : cette année là les planchers ont dû être vendus comme fumier usé, la fermentation ne s'étant pas faite d'une façon convenable.

Il faut aussi tenir compte de la qualité du fumier employé; celui qui est fortement imprégné d'urine et qui a beaucoup de crotin fermente plus rapidement; il faut régler le travail des retournages en conséquence.

Les manipulations sont bonnes, mais à la condition d'être faites à propos : ainsi, le fumier des champignonnistes de Méry est pris à Paris dans les cours, chargé et conduit au wagon, déchargé dans celui-ci, rechargé dans une voiture qui le conduit à la forme : il y a donc deux manipulations de plus que pour le fumier des carrières de Paris, mais elles ne sont pas à l'avantage du fumier, qui se trouve plus brisé et conserve sa chaleur moins longtemps.

Le fumier, au moment de monter la couche, doit être onctueux au toucher, ne pas laisser de traces d'humidité dans la main ; avoir de l'élasticité et un peu de moiteur. L'odeur n'est plus celle du fumier frais, la couleur est brun-fauve avec mélange de parties blanches ; la température doit être environ le tiers de celle de la première fermentation.

Les champignonnistes emploient souvent l'expression *abattre le plancher* pour désigner l'opération du montage du plancher ; cette expression est impropre ; abattre le plancher, c'est détruire la masse du fumier. Quand elle doit être transportée dans les carrières, le transport se fait à la brouette si la forme est près du puits ; par des voitures, si elle en est éloignée, ou si les carrières sont à bouches. Le fumier déposé soit au fond du puits, soit à l'entrée des galeries peut y rester trois ou quatre jours et y être amassé s'il est trouvé trop sec, puis il est porté par les brouettes garnies de leur lampe souvent à 600^{m} du point de départ à travers les galeries plus ou moins élevées et déposé sur le sol, là où doivent être les meules ; il forme alors ce qu'on appelle les chaînes ou chaînons.

Les chaînes formées, on procède au montage des meules.

Montage des meules dans les carrières.

Nous avons laissé le fumier déposé dans les galeries en forme de chaînes ou chaînons. Ces chaînes sont parallèles aux parois de la galerie, et il y en a autant qu'il doit y avoir de lignes de meules. Le nombre des meules par galerie est très-variable ; il dépend d'abord de la largeur de la galerie et aussi de l'idée de l'ouvrier. En général, les meules ont de 45 à 50 centimètres à leur base et sont séparées l'une de l'autre par une dalle de 25 centimètres au moins. Ces données suffisent pour calculer le nombre de meules à établir dans une galerie d'une largeur déterminée.

Les meules se montent à la main et non à la fourche, d'abord parce que la maneuvre de la fourche ne serait pas possible dans les galeries basses, ensuite parce que l'ouvrier est plus maître de son travail en opérant à la main. On commence par la meule qui est contre l'une des parois de la galerie ; cette meule est dite *en acot*. L'ouvrier prend le fumier à pleines mains, le secoue et le laisse retomber en établissant la base de la meule sur une largeur de 45 à 50 centimètres ; il monte le bord intérieur verticalement sur une hauteur de 0^m,10 et tout en débitant le fumier, il le foule avec les mains et les genoux de manière à avoir une épaisseur uniforme, puis il continue à monter en inclinant légèrement la surface vers l'intérieur en l'arrondissant au sommet ou chaperon. Cette inclinaison doit être telle que la terre du goptage ne glisse pas. On monte ensuite et successivement les meules du centre, en réservant les allées, et on termine par une meule *en acot* contre la paroi opposée.

Les meules du centre sont montées comme la première, mais à dos d'âne, de telle sorte que la partie supérieure du chaperon soit presque plane sur une largeur de 0^m 16. La hauteur des meules est ordinairement égale à leur base, soit 0^m 45 à 0^m 50.

A mesure qu'une meule est terminée, on la peigne

à la main, les doigts remplaçant les dents du râteau ; on retire les brins de paille qui sortent, on dresse les bords; les résidus du peignage sont placés sur le chaperon, foulés à la main; on bat avec la paume de la main, de manière à obtenir partout une surface régulière, uniformément inclinée.

Quelquefois on fait le peignage au fur et à mesure du montage. C'est chose peu importante pour le résultat final ; on n'a pas à revenir en arrière, ce qui est un petit avantage quand les allées sont étroites. Le montage se fait à la tâche : on paie 15 centimes la toise, et un bon ouvrier peut monter 40 toises par jour, soit 6 fr. de gain par jour. Le prix de revient d'une toise de meule montée, fumier et façon, est, à Paris, de 2 fr. ; à Méry, à cause du transport du fumier et du supplément de main-d'œuvre, il est de 5 fr.

M. Renaudot, de Méry, avait imaginé *de mouler* les meules. Pour cela le fumier était chargé et bien tassé dans des coffres de tôle, ayant le profil d'une meule; puis, deux ouvriers portaient le coffre à l'emplacement de la meule, le renversaient et plaçaient les coffres suivants, bout à bout, de manière à ne pas avoir de lacune entre les tronçons de meule. On a été obligé de renoncer à ce procédé qui ne donnait d'économie ni en temps ni en argent, et qui, quoi qu'on ait fait, laissait la meule partagée en tronçons.

On peut se demander pourquoi on fait des meules si petites et si nombreuses; il semble qu'il y a là augmentation de la main-d'œuvre. Les champignonnistes ont promptement reconnu que de grosses meules amèneraient une fermentation trop forte, une élévation de température qui forcerait le développement des vapeurs aqueuses, lesquelles se condensant sur les parois supérieures, retomberaient ensuite sur le champignon et le gâteraient. De plus la couche s'étant fortement échauffée, il faudrait attendre qu'elle soit revenue à la température qui permet de larder.

Montage des meules dans les caves.

Quand on cultive des champignons dans une cave on opère pour le montage des meules comme dans les carrières, sauf quelques petites modifications commandées par le local, ou par la quantité de produits désirée.

Comme il s'agit ici d'une petite culture, il faudra d'abord calculer, à peu près, en se basant sur les données des champignonnistes en grand, quelle longueur de meules il faut monter pour avoir une production continue.

Prenant le douzième de cette longueur pour le travail successif de mois en mois, on aura la presque certitude de satisfaire à la demande.

La disposition des meules dans la cave dépendra de la surface disponible, dans la cave d'un simple particulier. Il faut se rapprocher autant que possible de la manière des champignonnistes, tout en ne perdant pas de vue l'économie de terrain. Tout est bon pour la couche, les tablettes contre les murs, le dessous de l'escalier, les marches même si l'escalier est assez large. On pourra aussi faire les meules un peu plus hautes et un peu plus larges que dans les carrières, mais alors il faudra les surveiller; la fermentation y devenant plus forte, on doit redouter les coups de feu, surtout quand le fumier n'a pas été parfaitement travaillé. Ces coups de feu, cette surélévation de température, retardent le lardage, et le parti le plus sûr est de laisser la couche revenir d'elle-même à la température voulue; cependant si on est pressé par le temps, on peut refroidir la couche en y pratiquant des ventouses. On enfonce dans le fumier, de mètre en mètre, un fort piquet que l'on agite pour former une sorte d'entonnoir: les gaz et vapeurs en excédant s'écoulent par ces orifices que l'on rebouche quand la température est convenable. On peut aussi soulever le fumier avec la fourche, de place en place et sur les côtés, ce qui établit des sortes de soupiraux, qu'on rebouche avant le lardage.

Nous croyons pouvoir recommander absolument la culture sur meules coniques. Elle a le grand avantage d'exiger peu de place, de faciliter la continuité des récoltes par l'établissement successif des meules, et d'éviter les coups de feu en opérant sur de petites quantités de fumier.

Nous établissons les cônes dans une cave avec du fumier préparé comme il a été dit. Chaque cône a $0^m,65$ de diamètre à sa base et $0^m,60$ de hauteur. On commence par établir soigneusement le lit de fumier formant la base, puis on monte en débitant le

Fig. 3. — Culture des champignons de couche en cave, sur meules coniques.

fumier, le secouant, le foulant fortement pour que la pente se maintienne bien sous un angle de 90°. Le cône étant bien peigné, bien nettoyé, on taloche avec la pelle de bois et on l'abandonne pendant huit jours environ pour qu'il jette son feu. Après avoir vérifié par les moyens indiqués si la meule est à point, on larde, en plaçant trois rangs de mises. Le premier rang à 0m,16 du sol, les autres rangs à 0m,16 du rang qui lui est inférieur, et dans chaque rang les lardons à 0m,20 l'un de l'autre et en les alternant d'un rang à l'autre. Si la température du cône est convenable on peut talocher de suite. Quinze jours après, on doit pouvoir gopter, ce qui se reconnaît au rayonnement extérieur des filaments qui donne au cône un reflet bleuâtre : on gopte à la main ou avec la pelle ; il ne reste plus, si la terre se dessèche, qu'à bassiner avec un arrosoir à pomme très-fine, en raison de la pente de la surface des cônes.

Au bout de *quarante jours* on verra apparaître le champignon et la récolte pourra durer trois mois si on a soin de *reterrer* à chaque point où on cueille un champignon. Ici se place une observation pratique. Divers auteurs ont dit qu'on ne pouvait réussir qu'en opérant sur de grandes masses de fumier, 10 à 12 mètres au moins ; je m'inscris contre cette assertion, mon expérience m'a prouvé qu'avec un mètre et même moins on pouvait arriver à un bon résultat. Le succès dépend exclusivement de la qualité du fumier et des soins qu'on lui donne dans la manipulation.

Les meilleures caves, pour la culture des champignons, sont les caves profondes, à plafond élevé, fraîches et dans lesquelles on peut facilement établir des courants d'air. Si la cave est peu profonde et trop sèche, il faut arroser le sol pendant quelque jours avant le montage, fermer tous les soupiraux pendant le jour, les ouvrir pendant la nuit.

Il y a pour chaque cave un régime particulier à établir, l'observation et l'expérience seules peuvent le déterminer. A part ces petits détails, qui ont leur importance, toutes les opérations sont les mêmes que dans la culture en grand.

Préparation du blanc de champignon.

Le blanc est la semence du champignon; en botanique on l'appelle *mycelium*. Il se présente sous forme de filaments blanchâtres adhérents aux pailles du fumier à demi décomposé en formant avec elles une sorte de feutre auquel les champignonnistes donnent le nom de *galette*. Ces galettes ont la propriété très-précieuse de se conserver plusieurs années quand on les tient au sec dans un grenier bien aéré.

Le blanc se rencontre naturellement dans les vieilles couches à melon, ou à la partie inférieure des tas de fumiers qui ont séjourné longtemps à la même place; ce blanc n'est pas toujours bon pour larder les meules.

Souvent on larde avec du blanc pris dans une vieille meule, ou dans une meule qui a produit, mais on met les mauvaises chances de son côté.

Le mieux est de n'employer que du *blanc vierge* c'est-à-dire qui n'a pas encore produit.

On se procure ce blanc vierge chez les maraîchers qui le recueillent dans leurs vieilles couches ou qui le préparent directement par les procédés que nous allons indiquer. Mais la manière la plus usitée chez les champignonnistes est de lever le blanc frais dans une meule qui est sur le point de donner une récolte et qui a déjà laissé paraître quelques petits champignons. En opérant ainsi, les cultivateurs évitent les frais de transport du blanc, la mise dehors de fonds assez considérables qui représentent l'achat de ce blanc ; en sacrifiant une très-minime partie de la récolte précédente, ils préparent sans frais la récolte suivante. Il est vrai de dire que par cette manière ils ne renouvellent pas *leur semence*, ce qui tend à amoindrir l'espèce; il faut après un certain temps changer la provenance du blanc.

C'est en observant bien les faits naturels qu'on arrive à surprendre pour ainsi dire les procédés de la nature ou à les appliquer à notre plus grand profit. L'examen de cette production instantanée des champignons, soit à la surface du sol, soit à l'intérieur de la terre, nous montre qu'elle est due à la décomposition de matières organiques placées dans certaines conditions de température, d'humidité et même de lumière. En nous mettant autant que possible dans ces conditions, nous arriverons à reproduire à notre volonté, à époque déterminée, et d'une façon régulière ce mycelium, qui dans la nature paraît être une production accidentelle et capricieuse.

Voici notre méthode tout expérimentale, et qui résume bien des années d'observation.

Premier procédé. — Depuis avril jusqu'en septembre, ouvrez au pied d'un mur et à l'exposition de l'est une tranchée de $0^m,60$ de largeur et de $0^m,50$ de profondeur; la longeur est déterminée par la quantité de blanc à produire, On aura préalablement préparé cinq à six brouettées de crotin de cheval relevé en tas pour laisser jeter le premier feu. Le crotin sera mélangé d'un quart de paille courte de litière ; cette paille est destinée à donner de la cohésion aux galettes lors de leur extraction.

On montera la couche en garnissant le fond de la tranchée d'un lit de glumes de blé sur une épaisseur de $0^m,16$, puis un lit de crotin d'égale épaisseur, le tout bien réglé, bien uniforme et symétrique, conditions qu'on réalisera en marchant et foulant les lits avec les pieds : on arrosera modérément, puis on mettra de la même façon un deuxième lit double de glumes et de crotin et ainsi des autres successivement jusqu'à ce que la tranchée soit remplie en réglant le foulage et le régalage des lits, de manière à obtenir dans la masse une grande homogénéité.

La couche montée doit dépasser les bords de la tranchée, et sa surface supérieure être façonnée en dos d'âne. On le recouvre d'une couche de terre de $0^m,16$ d'épaisseur bien battue avec le dos de la pelle en affectant aussi la forme en dos d'âne. Pour éviter l'excès d'humidité que pourraient amener les pluies et qui provoquerait une décomposition trop prompte des matières placées dans la tranchée on recouvrira la terre de la couche avec une bonne chemise de litière de cheval.

Une couche montée dans les premiers jours de septembre sera visitée en décembre, en ouvrant un trou sur les côtés ou à l'un des bouts; on vérifiera l'état d'avancement du blanc qui sera à point, s'il présente des filaments spongieux bleuâtres développant une forte odeur de champignons. Si la formation n'est pas complète, on attendra un mois de plus, ce retard est sans inconvénient car en cette saison la sortie des champignons n'est pas à craindre. La couche sera démontée en janvier ou février au plus tard et, si le temps le permet, on fera choix des plaquettes de blanc qui présentent les caractères indiqués ci-dessus, et on rejettera les parties d'une couleur brun-noir qui sont dues à une décomposition trop avancée et dont les sporules seraient improductifs.

Pour accélérer la dessiccation des galettes, aussitôt après leur sortie de la tranchée, on les dédoublera pour les amener à un poids variant de 500 à 1,000 grammes, et on les rentrera de suite sous un hangar ou dans un grenier bien aéré, sans les entasser les unes sur les autres. Ainsi préparé, séché à l'air et à l'ombre, le blanc vierge se conservera productif pendant dix ans.

Nous avons pris pour type la couche faite en septembre, parce qu'à cette époque on se procure facilement des glumes de blé, nous ajouterons qu'il faut donner la préférence aux glumes ou menues pailles provenant des tarares parce qu'elles sont moins mélangées de graines de toutes sortes. Si on a toutes les matières à sa disposition on peut comme nous l'avons dit, monter les couches à l'air libre à partir du mois d'avril, et en tout temps dans une cave ou dans une carrière.

Deuxième procédé. Nous avons vu dans le premier procédé le blanc se former naturellement; dans le deuxième procédé, qui est celui des champignonnistes, on accélère la formation par des mises ou levain. L'expérience a montré que les deux époques les plus favorables pour ce travail sont le printemps et l'automne.

Dans les premiers jours d'avril, on fait choix d'une plate-bande placée au pied d'un mur à l'exposition du nord ; au mois de septembre, on prend l'exposition du levant ; la terre doit être très-perméable, plutôt légère que forte, afin d'éviter l'humidité. Profitant d'un beau jour, on ouvre, à $0^{m},20$ du mur, une tranchée ayant $0^{m},40$ en largeur et en profondeur; la longueur est déterminée par la quantité de blanc à produire. On rejette la terre du côté opposé au mur.

On prend dans un plancher du fumier amené à

point, comme il a été dit à l'article du plancher, et on en remplit la tranchée, sauf un espace de $0^m,80$, qui est réservé à l'un des bouts et dans lequel on commencera le montage de la meule. On monte la meule en prenant le fumier, le délitant et le secouant à la main ; on tasse avec les mains et avec les genoux.

Lorsque la couche de fumier a $0^m,16$ d'épaisseur, on place sur ses bords et à $0^m,30$ l'un de l'autre des lardons de blanc. Ces lardons sont placés au ras du fumier, sur la face du côté du mur, laquelle face doit être montée verticalement en s'appuyant contre la paroi de terre; l'autre face de la couche doit être légèrement inclinée vers le mur, en ménageant entre elle et la paroi de la tranchée un espace de $0^m,06$ à $0^m,08$, qui permet de la peigner. Les lardons sur cette face seront donc posés un peu en retraite pour n'être pas brisés lors du peignage. On continuera à monter la couche, et lorsqu'on sera arrivé à $0^m,16$ au-dessus des premiers lardons, on en posera un deuxième rang en se conformant aux mêmes prescriptions que pour le premier rang. On achève de monter la couche jusqu'au niveau du sol et on termine en recouvrant par une couche de terre bien meuble et épaisse de $0^m,06$.

Le blanc des lardons doit être sec pour ne pas provoquer une pousse anticipée de champignons.

Au bout de six semaines ou deux mois, le blanc doit être formé, ce dont on s'assure en visitant la meule ; un signe certain qui dispense de toute visite est l'apparition des premiers petits champignons. On enlève la terre d'abord, puis le fumier, et on traite les galettes comme nous l'avons dit plus haut.

Comme petit détail, nous ajoutons que si le mur dont on dispose n'est pas assez long, on peut sans inconvénient placer plusieurs tranchées l'une devant l'autre, comme on fait pour les couches à melon, en laissant entre chacune d'elles $0^{m},20$ d'épaisseur de terre.

Le blanc obtenu par l'un ou l'autre procédé que nous venons de décrire est également bon ; la réussite est aussi certaine dans les deux cas ; le deuxième procédé est moins long, mais il nécessite l'emploi et par conséquent l'achat de galettes. C'est à chaque producteur à bien examiner les circonstances dans lesquelles il opère, et à choisir ce qui sera le plus lucratif.

Troisième procédé. — En montant dans une tranchée comme celle du premier procédé une couche par lits successifs d'un mélange de 1/3 fiente de poule ou de pigeon et 2/3 de fumier court chargé de crotin de cheval ayant jeté son feu, en piétinant, en arrosant, si les matières sont sèches, et terminant la couche comme il est dit au premier procédé, on aura, au bout de deux mois, peut-être un peu plus, des galettes bien formées et de très-bonne qualité. On les traitera comme il a été dit.

Lardage des meules.

Larder une meule, c'est la garnir sur ses faces de plaquettes de blanc larges de $0^m,05$, longues de $0^m,07$, épaisses de $0^m,03$ et que les champignonnistes appellent des *mises*. Ces lardons ou mises se placent sur chaque face et sur deux rangs : le premier rang à $0^m,20$ du sol, le deuxième à $0^m,20$ au-dessus du premier. Dans chaque rang les mises sont à $0^m,20$ ou $0^m,25$ de distance l'une de l'autre et celles du deuxième rang doivent correspondre aux intervalles du premier rang. Pour larder, on soulève avec la main gauche le fumier à l'endroit voulu sur la largeur de quatre doigts et en pénétrant de $0^m,04$, on introduit avec la main droite le lardon, on l'enfonce, on le recouvre avec le fumier soulevé et on appuie légèrement sur le tout avec la main gauche. On continue ainsi en conduisant les deux rangs à la fois, ce qui est plus expéditif que de conduire les rangs l'un après l'autre.

Dans la pratique il faut savoir déterminer à quel moment une meule doit être lardée. La meule ne doit être ni trop chaude ni trop froide, et le moment favorable peut se présenter dès le septième jour après le montage ou être retardé jusqu'au quinzième. L'expérience seule peut guider, et d'abord l'ouvrier habile en maniant le fumier pour le montage saura d'après l'état de ce fumier si la meule sera en avance ou en retard, c'est-à-dire s'il aura jeté son premier feu dans le plancher. C'est d'après le degré d'onctuosité laissée dans la main que l'ouvrier préjugera la température future de la meule ; mais il ne peut avoir là qu'une donnée très-générale ; par exemple il pourra affirmer si les coups de feu sont ou non à redouter. C'est par des essais directs faits sur la longueur de la meule qu'on constatera le degré de chaleur. On sonde à la main en la plongeant dans le fumier et l'habitude peut faire juger exactement la température de la masse : ou bien on enfonce de distance en distance de petits morceaux de bois en les faisant pénétrer de la moitié de leur longueur, puis en les retirant et en plaçant dans la main la partie qui a été retirée on peut apprécier la température intérieure. Quand on la trouve tiède on peut larder sans crainte (1).

Si on rencontrait dans une meule jugée tiède, quelques endroits plus chauds, faisant craindre un coup de feu, pour ne pas retarder le lardage général on placerait les lardons dans les parties chaudes sans appuyer le fumier dessus ; on les laisserait ainsi quelques jours, puis on appuierait avec la main.

Tous ces détails pourront paraître oiseux à ceux

(1) Dans les carrières on larde toujours sur deux rangs, mais quand on peut monter, soit dans une cave, soit en plein air, une meule de plus de 0m,50, il y a avantage à larder sur trois rangs : on y gagne sous le rapport de la production.

CHAPITRE V

MÉTHODE POUR OBTENIR DES CHAMPIGNONS SANS FUMIER.

Nous avons vu dans le cours de ce traité combien était grande l'action des matériaux salpêtrés : poussant à l'extrême l'expérience, je suis arrivé à obtenir du champignon sans fumier, par le procédé suivant :

Prendre 1 mètre cube de plâtras de démolition, concasser les fragments et les réduire à la grosseur d'une noisette ; humecter la masse et la rentrer dans la cave. Former contre un des murs un talus de 0,66 de base et 0,60 de hauteur ; le bord inférieur maintenu par des lattes ; égaliser toute la surface à la main. Faire revenir du blanc et quand il est à point, larder sur trois rangs, le premier rang à $0^m,20$ du bord inférieur, et le troisième à $0^m,20$ du sommet, les lardons alternant d'un rang à l'autre. Le lardage terminé, recouvrir avec du sable de rivière ou de carrière passé à la claie sur une épaisseur de $0^m,04$; le sable doit être frais, mais non humide. Aussitôt que la surface du sable se dessé-

5

chera, l'arroser légèrement avec de l'eau dans laquelle on aura fait dissoudre 125 grammes de salpêtre pour 10 litres d'eau ; arroser avec une grande modération pour éviter l'excès d'humidité qui pourrirait le blanc. Au bout de 40 jours on verra apparaître les champignons. Par ce procédé peu coûteux et en faisant suivre la construction de ces talus, on peut se procurer des champignons toute l'année.

Pour terminer, et donner un exemple de la facilité avec laquelle le champignon se reproduit quand le milieu lui convient, je citerai ce fait qui vient de m'être rapporté. La préfecture de Clermont-Ferrand est installée dans les bâtiments d'un vieux couvent, les matériaux doivent être granitiques ; cependant le salpêtre s'y est fait une place, car près de l'écurie des chevaux se trouve une espèce de cellier en contre-bas de l'écurie, et qui n'a d'autre destination que de recevoir momentanément le fumier des chevaux en attendant l'enlèvement. Ce local est plus grand qu'il ne faut, aussi le fumier séjournait tantôt sur un point tantôt sur un autre, et là où n'était pas le fumier poussaient des champignons en assez grande abondance et très-régulièrement, sans qu'on ait eu à s'inquiéter de la culture.

CHAPITRE VI

DES ANIMAUX NUISIBLES AUX CHAMPIGNONS.

Les meules, dans les caves, sont souvent ravagées par des rongeurs.

Souris. — Les souris se trahissent par l'empreinte de leurs incisives, qui reste sur la partie attaquée ; les musaraignes font des trous dans la couche. Contre ces deux sortes de maraudeurs il faut employer les pièges connus, les souricières et les pots à fleurs renversés, dont un bord est soutenu par une demi-noix ayant l'amande tournée vers l'intérieur.

Limaces. — Les limaces grises envahissent souvent les meules, mais comme leur passage est constaté par la trace gluante qu'elles laissent derrière elles, on peut leur faire la chasse en visitant souvent la meule pendant la nuit et en plaçant à portée des meules de petits tas de son mouillé ou des feuilles de chou : on est certain de trouver les limaces sur ces appâts dont elles sont friandes.

Cloportes. — Les cloportes, habitants des lieux humides, ravagent aussi les couches ; on les détruit avec des demi-pommes de terre qu'on creuse en cloches et qu'on place à plat sur le sol de la cave; les cloportes se réunissent dans ce piége, qu'on visite tous les matins, et la destruction est facile.

Coléoptères. — Deux larves d'insectes qui vivent de matières en décomposition, et qui les réduisent en parcelles très-fines causent de grands dégâts dans les couches en désagrégeant les lardons et brisant les filaments reproducteurs. L'une de ces larves vulgairement appelée *Suisse* est l'*Aphodius fimetarius*, famille des Lamellicornes, tribu des Scarabéides (1).

L'animal parfait est un coléoptère pentamère, de 5 millimètres de longueur sur 3 de diamètre; élytres jaunes et cannelés, thorax, tête, pattes et dessous du ventre noirs; les antennes jaunes ont trois articles.

L'autre larve est celle du *Dermeste tessellatus*, coléoptère pentamère de la famille des Clavicornes.

La larve ressemble à un petit ver blanc; elle a 8 millimètres de longueur sur 4 de diamètre; la tête et les mandibules sont noires, avec deux antennes terminées en massues; le corps est d'un blanc sale, l'épiderme laisse voir l'intestin sous forme d'une bande noire; la larve a six pattes et marche avec facilité.

(1) La larve du Suisse a 8 millimètres sur 4 de diamètre; la tête est rouge-brun; les mandibules cornées sont très-fortes; l'épiderme blanc-transparent laisse à peine voir l'intestin; les pattes sont blanches.

L'animal parfait a les élytres, la tête et le thorax noirs; les antennes jaunes et terminées en massues, les pattes brunes et le dessous du corps blanc, marqué de quatre points noirs de chaque côté des élytres. Le corps est ovalaire, la tête petite et inclinée.

On ne peut combattre les larves dont nous venons de parler qu'en leur faisant une chasse suivie et patiente, mais bien difficile, puisqu'en allant chercher la larve dans le fumier, on court grand risque de produire les dégâts qu'on cherche à éviter.

Moucherons. — Le fumier attire dans les carrières des milliers de moucherons qui déposent leurs œufs sur les meules. La larve, longue de 4 millimètres, ayant 1 millimètre de diamètre, réduit en poudre la terre du goptage. Elle se transforme dans un petit cocon de 3 millimètres de longueur, d'où sort bientôt un nouveau moucheron.

On peut détruire ces moucherons avec des terrines remplies d'eau additionnée de quelques gouttes d'essence de térébenthine ou d'eau de savon; les moucherons attirés par cette eau viendront s'y noyer. On peut aussi employer une grande terrine remplie d'eau sur laquelle un flotteur portera une lampe ou une chandelle allumée; les moucherons viendront se brûler les ailes et tomberont dans l'eau.

Mites. — Les champignonnistes nomment mite,

un petit insecte de couleur jaune-clair, que je crois appartenir à la famille des Acarides parasites. Ce petit insecte est d'une vivacité extraordinaire, son corps est transparent, il a 15 millimètres; les pattes de même couleur, au nombre de six, dépassent le corps ; la tête est armée d'un suçoir. Cet insecte est le parasite des coléoptères cités plus haut et aussi celui des nombreux coléoptères, genre Bouzier, qui se trouvent dans le plancher des fumiers. Cette mite se trouve aussi par groupes nombreux sur les brins de paille des planchers dont la température élevée paraît favoriser la multiplication. Je crois qu'en arrosant l'emplacement du plancher avec un hectolitre d'eau tenant en suspension 4 kilogrammes de ciment frais, on détruirait ces insectes dont l'épiderme est très-mince.

CHAPITRE VII

MALADIE DES CHAMPIGNONS. — DE LA MOLLE.

La molle ou mole attaque vigoureusement le champignon et la marche de la maladie est très-

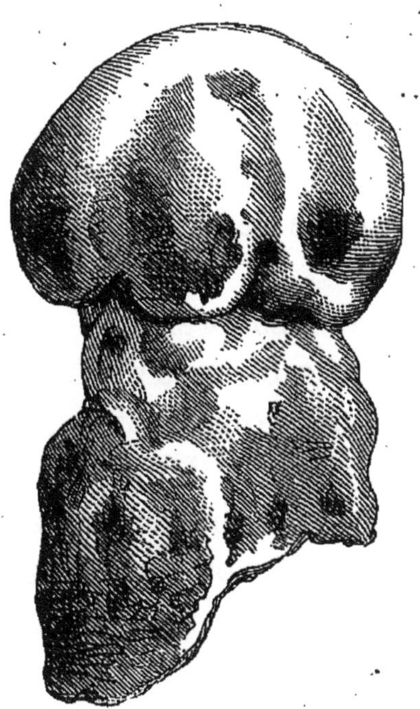

Fig. 5.
Champignon attaqué par la molle.

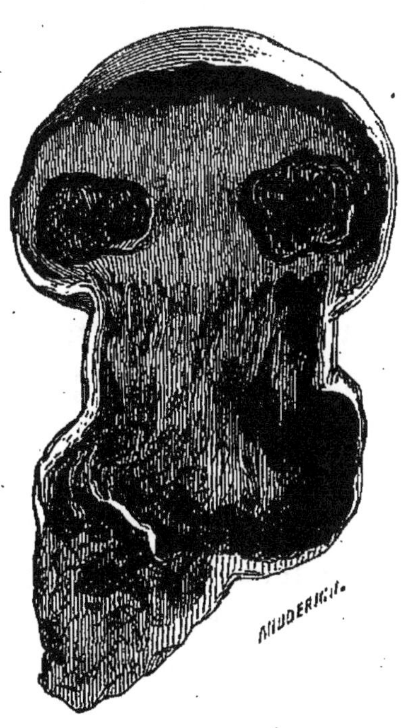

Fig. 6.
Coupe du champignon attaqué par la molle.

rapide. Le champignon atteint perd sa forme, le chapeau se rabat sur le support, se confond avec lui pour ne plus former qu'une masse spongieuse tronquée au sommet, chargée de granulations véruqueuses. L'épiderme qui recouvre cette masse informe est cotonneux et d'un blanc pur qui s'altère promptement et passe au jaune-brun en se décomposant. L'odeur est nauséabonde, et à l'intérieur on voit des filaments bruns, indice de décomposition. Quelquefois le chapeau, au lieu de s'affaisser sur le pédicule, se retourne comme ceux des chanterelles; les feuillets sont réunis en une masse spongieuse, soudée aux bords du chapeau. Souvent la masse malade laisse transsuder un liquide roussâtre annonçant la décomposition. Aussitôt que les champignons malades arrivent au contact de l'air, ils deviennent bronzés et répandent une odeur comparable à celle de la viande en putréfaction.

Un champignon malade, dans sa première période de croissance, présentait à la base du pédicule un réseau de filaments dont l'état anormal et la nature spongieuse décélaient le mal. L'épiderme était encore blanc ainsi que l'intérieur des tissus; l'odeur n'était pas encore celle de la putréfaction; mais aussitôt que le champignon fut exposé à l'air la couleur de rouille se prononça très-vite et l. décomposition marcha grand train.

Lorsque la molle ne se montre que sur quelques champignons isolés, il faut enlever soigneusement les malades et les sortir de la carrière, la perte totale est peu importante; mais si le mal s'étend il faut détruire immédiatement la meule attaquée, sortir le fumier, le livrer au jardinage et se débarrasser de toute trace de ce mycelium empoisonné.

Les causes de la maladie sont peu connues; l'opinion des praticiens est diverse, chacun observant à son point de vue.

Les uns attribuent la maladie au défaut de propreté quand on abat les meules, ils disent que des débris de vieux fumier mélangés au bousin entretiennent l'humidité dans le dessous des meules, et que lorsque cette humidité n'est pas absorbée par le sol, la molle apparaît. Dans cette hypothèse, le remède serait dans le grattage à fond de la surface de la masse si la meule reposait directement; sur cette masse, et si la meule était sur une couche de débris ou bousin, il faut piocher à fond cette couche ou *reblanchir les agues*, rejeter toute la surface sur une épaisseur de $0^{m},16$ et la remplacer par des matériaux neufs.

D'autres disent que la molle est la conséquence d'une trop grande agglomération de meules dans un espace restreint. Selon eux, les vapeurs produites par la fermentation du fumier se condensant sur les parois, et là, se mêlant aux infiltrations naturelles, retombent sur les meules et amènent la décomposition du fumier. Ils appuient leur opinion sur ces faits, que c'est pendant l'été, par l'élévation de la température, que la molle paraît dans les carrières à plafond bas, et qu'elle est bien plus rare dans les carrières à plafond haut et à forts courants d'air. Mais pour ceux-ci, comme pour les premiers, le remède est de *reblanchir les agues*, c'est-à-dire piocher la surface de la masse et renouveler la surface de la couche de débris.

J'ajoute que j'ai vu bien des exploitations et que je n'ai jamais rencontré la molle dans les carrières neuves ; tandis que M. Gérard, après bien des pertes subies, a été forcé d'abandonner les vastes carrières de houilles depuis longtemps en culture. Pourrait-on conclure de là qu'à la longue les carrières peu aérées s'imprègnent de miasmes ou ferments, germes de la maladie; le reblanchissage des agues combat cette maladie; peut-être des désinfectants la détruiraient.

CHAPITRE VIII

RÉCOLTE DES CHAMPIGNONS.

La récolte se fait successivement, au fur et à mesure de la croissance et surtout en raison de la destination de ces produits. Le champignon bon à cueillir doit avoir, au chapeau, au moins le diamètre d'une pièce de 2 fr., au plus celui d'une pièce de 5 fr. Au-delà, le champignon est moins estimé des chefs de cuisine.

La cueillette se fait le matin dans les carrières. A 1 heure du matin, les champignonnistes vont *étêter*, c'est-à-dire cueillir ce qui doit, quelques heures plus tard, être porté à la halle. Ils se munissent de deux paniers dits *vendangeurs*, l'un doit recevoir les champignons, l'autre est rempli de terre à gopter. Pour cueillir ou étêter, on saisit le champignon par sa tête, on lui imprime un petit mouvement de torsion autour de sa base en tirant légèrement à soi pour le détacher sans déraciner les petits champignons qui se montrent déjà à sa base. Le champignon cueilli est déposé dans le panier vide, et on bouche le trou qu'il a laissé sur la meule avec une pincée de terre prise dans l'autre panier. Quelquefois le champignonniste se borne à cueillir les champignons et les dépose en petits tas sur la meule ou dans les sentiers, puis des femmes les enlèvent et des ouvriers passent et reterrent. On lisse et on appuie la terre avec la main. On continue jusqu'au bout de la meule, après quoi on bassine si la terre est trop sèche.

Le panier de champignons doit être couvert d'une toile pour éviter le contact de l'air qui ferait brunir la cueillette. Enfin, rentré chez lui, le champignonniste met sa marchandise dans des paniers contenant de 10 à 15 kilog. et expédie de suite à la halle. Les champignons sont vendus au prix de 1 fr. 70 à 2 fr. le kilog. selon la saison.

La cueillette se continue chaque jour, mais ne donne pas régulièrement les mêmes quantités; telle cueillette de 300 kilog. pourra être suivie d'une récolte de 50 kilog., car il faut un certain temps pour que les champignons acquièrent les dimensions marchandes.

La durée de la récolte sur une meule dépend des matières employées et des manipulations qu'elles ont subies. La température à l'extérieur et à l'intérieur a aussi une grande influence. Dans les carrières à plafond bas, la température est plus élevée, la végétation est plus rapide, la durée de la récolte varie de 40 à 60 jours et les produits diminuent sensiblement après la première volée. Dans les carrières à plafond élevé ou à bouches, les courants d'air étant plus forts, la température est plus basse, la végétation est moins active, le fumier se consomme moins vite et la récolte dure 3 ou 4 mois. Dans les carrières à plafond bas, la production continue quand la température extérieure est basse, dans les carrières à plafond élevé elle subit, dans ce cas, un temps d'arrêt très-prononcé.

Dans la pratique, on appelle *rocher* un groupe de champignons agglomérés sur un même point. Quand la récolte totale d'un rocher est terminée, il reste, là où étaient les pieds des tiges, une masse charnue, sorte de plateau ou de cépée, autour de laquelle on remarque de petits champignons qui n'ont pas pu se développer. Si on ouvre cette masse charnue, on trouve l'intérieur formé par un corps semi-ligneux dont les fibres retiennent enlacées des grains de grouette ou débris de pierres qui étaient dans la terre à gopter. Il ne faut pas laisser séjourner ces rochers dans la meule mais les enlever avec précaution et remplir le vide qu'ils laissent par la terre à gopter.

Les rochers sont souvent préjudiciables à la récolte. D'abord, les champignons qui sont sur les bords avortent presque toujours : ils manquent de séve disent les champignonnistes ; puis, les autres sont souvent atteints d'une maladie dont le premier symptôme est une tache noire sur le chapeau. Des champignons attaqués par cette maladie ont été ouverts par nous et examinés au microscope. L'épiderme du chapeau est maculé de taches d'un brun foncé, ou noires, laissant des lacunes d'un jaune terreux. La tête du chapeau, souvent aplatie ou déformée,

Fig. 7. — Rocher de champignons.

présente à l'intérieur des taches noires s'étendant de l'intérieur à l'extérieur ; le tissu est couleur gris fauve jusqu'à la base de la tige, quoique l'épiderme conserve sa couleur naturelle. L'odeur n'est plus celle du champignon, mais bien celle d'un corps en putréfaction. La cause de cette maladie est attribuée au manque de séve et à l'épuisement des éléments nutritifs du champignon. Il faut s'empresser de débarrasser la meule des rochers attaqués, car le mal se propagerait en très-peu de jours.

Le *nettoyage* ou *essouchage* des meules comprend l'enlevage des rochers à mesure que les champignons sont récoltés et qu'il ne reste plus que le plateau. Ce travail se fait avec un couteau en décrivant un cercle avec la lame autour du plateau; celui-ci est enlevé et déposé dans le sentier ou dans un panier et un autre ouvrier bouche le trou avec de la terre de goptage. On rebouche aussi tous les trous qui pourraient rester après l'enlèvement des champignons isolés, et on nettoie soigneusement les sentiers pour qu'il n'y reste aucune matière susceptible de fermentation et surtout aucun fragment de champignon atteint de *la molle*, car les carrières seraient infectées en peu de temps.

Sur les meules à l'air libre, la récolte se fait comme dans les carrières, mais on cueille plus généralement le soir les champignons qui doivent être vendus le lendemain matin, en ayant soin de les tenir hors du contact de l'air et de la lumière pour leur conserver leur fraîcheur. Le simple particulier qui récolte pour sa propre consommation cueille à son heure ou plutôt à celle de sa cuisinière, en se rappelant que plus le champignon est frais, plus il a de parfum.

Au point de vue du commerce, il est très-important de saisir le moment opportun pour cueillir. Si le champignon est trop avancé, sa tige devient

Fig. 8. — Champignons de couche à deux degrés différents de maturité.

spongieuse, le chapeau s'ouvre et se déploie comme un parapluie ; les feuillets roses tirent sur le brun. Dans cet état le champignon n'est plus marchand ; on n'en trouverait aucun prix. Il n'est pas vénéneux, mais très-indigeste. Ce n'est pas seulement sur la meule que le champignon arrive à ce point ; j'ai vu des champignons qui, cueillis à peu près à point, avaient, après 60 heures d'exposition à l'air, pris tous les caractères dont nous venons de parler.

La figure 8 présente deux champignons : celui de gauche est bon pour la cueillette : le chapeau n'est point ouvert.

Dans la même figure l'on remarque à droite un champignon à un degré plus avancé, ayant moins de valeur pour la vente, mais encore mangeable.

CHAPITRE IX

DE LA CONSERVATION DES CHAMPIGNONS

Ayant fait connaître la culture des champignons, nous avons pensé que nos lecteurs liraient avec plaisir la manière de conserver ce produit et de suppléer par là à une production continue.

La plus ancienne méthode et la plus généralement employée dans les ménages est la dessiccation naturelle et artificielle.

Pour cela, on prend en bonne saison des champignons plutôt petits et moyens que gros, on les épeluche, on les prépare, on les nettoie comme s'ils devaient être accommodés immédiatement. Puis on leur fait faire quelques tours dans de l'eau bouillante aiguisée par un peu de vinaigre ou par un jus de citron, afin d'empêcher le champignon de noircir. Quelques-uns prétendent que l'eau très-pure est préférable ; il faut en tout cas se garder de mettre du sel qui, très-hygrométrique, nuirait à la conservation. Les champignons retirés de l'eau bouillante sont bien égouttés sur des claies, puis enfilés en chapelets que l'on suspend sous des hangars ou dans des chambres bien aérées. Selon la saison et le climat, ce procédé suffit, mais la plupart du temps il faut compléter la dessiccation en mettant les champignons dans un four à chaleur très-douce, c'est-à-dire quand le pain est retiré. La dessiccation étant achevée, on met les champignons en sacs ou en boîtes, conservés dans un lieu très-sec.

La dessiccation s'applique à tous les champignons comestibles, le Mousseron, le Bolet, la Morille, etc. Tous perdent plus ou moins de leur saveur ou de leur parfum, mais ont encore assez de qualité pour être l'objet d'un commerce considérable.

Pour employer le champignon desséché, on le fait revenir d'abord dans de l'eau tiède ou dans du lait ; l'eau est préférable pour les champignons de couche ; puis on le prépare comme le champignon frais.

Pour employer le champignon comme condiment, on le réduit en poudre ; pour cela on force la dessiccation, puis on râpe à la râpe fine, et on conserve la poudre en bouteille ou dans un bocal bien fermé. On peut mélanger la poudre de plusieurs bonnes espèces de champignons, l'additionner de poudre de truffe préparée de la même manière, dans la proportion de 1/10 à 1/20, et on obtient un condiment très-apprécié par les gourmets.

La conservation des champignons dans l'huile ou dans le beurre est plus dispendieuse, mais le champignon ainsi conservé garde mieux son parfum. Voici la manière de procéder. Le champignon épeluché, ou préparé comme il est dit plus haut, est blanchi à l'eau bouillante, puis bien égoutté. On les dispose ensuite un à un dans un bocal ou un vase et on verse par-dessus soit de l'huile d'olive, soit du beurre fondu, tiède. On laisse refroidir, on ferme le bocal avec un parchemin et on le tient en lieu frais, car, par ce procédé, surtout avec le beurre, il pourrait y avoir fermentation, si la température s'élevait.

La conservation des champignons par dessiccation, ou dans l'huile et le beurre, est surtout du domaine des ménages pour les petits approvisionnements. Dans le commerce en grand, on emploie toujours le procédé Appert.

Les champignons ou fragments de champignons sont épeluchés, nettoyés et jetés pendant quelques minutes dans de l'eau légèrement acidulée avec du vinaigre; après avoir été égouttés, on les saute au beurre jusqu'à demi-cuisson, puis on les met dans des bouteilles à large ouverture. Chaque bouteille est remplie aux trois quarts, puis fermée avec un bouchon de liége solidement ficelé. Les bouteilles sont placées dans un chaudron rempli d'eau froide, et dont le fond est garni d'un paillasson de paille; les bouteilles sont enveloppées de foin pour éviter la casse. Le chaudron est mis sur le feu, on pousse doucement jusqu'à l'ébullition qui doit durer dix minutes; on retire le chaudron du feu, on laisse refroidir doucement, puis on cachète le bouchon à la cire.

Le kitchop ou essence de champignon est une sauce anglaise très-appréciée, surtout avec le poisson de mer bouilli. Son usage s'est assez répandu en France pour que la recette de sa fabrication soit utile.

Prenez un kilog. de champignons de couche très-frais; après les avoir soigneusement épeluchés, coupez-les en tranches très-menues, disposez-les dans une terrine vernissée, par lits minces, chaque lit saupoudré de sel blanc fin; sur le dernier lit, mettre environ quatre cuillerées de brou de noix frais et coupé en morceaux très-petits. Laissez macérer à la cave pendant quatre à cinq jours. Quand toute la masse est presque fondue, passez à la chausse ou dans un linge neuf. Faites réduire au feu doux le jus jusqu'à moitié, ajoutez son poids de gelée de pied de veau, assaisonnez avec du poivre et du laurier, et faites réduire jusqu'à consistance de gelée. Versez dans un pot de porcelaine ou de faïence et conservez au frais.

CHAPITRE X

COMMERCE DES CHAMPIGNONS.

Le gourmet qui savoure avec recueillement une croûte aux champignons ne se doute pas du travail qu'il a fallu faire pour satisfaire sa sensualité.

Il y a à Paris et dans les environs 250 à 300 champignonnistes qui vivent sous terre à 20 et 30 mètres au dessous du sol.

On accède dans ce monde souterrain par des puits garnis d'échelles verticales, le long desquelles se hissent péniblement les ouvriers. C'est aussi par ces puits qu'on jette le fumier neuf et qu'on remonte celui qui a servi. Il y a des galeries dans lesquelles on peut se tenir debout, mais il y en a d'autres qui n'ont que 1 mètre 20 sous plafond. Dans celles-ci il faut travailler toujours courbé, souvent à genoux; pousser devant soi la brouette chargée de terre et de fumier; surveiller les couches, récolter, la lampe à la main, et manœuvrer avec adresse entre les couches séparées par des sentiers de 20 à 25 centimètres de largeur. Quand la couche est montée, cardée, goptée, il faut penser à l'arrosage et ce n'est pas un petit travail que de faire arriver l'eau au pied des échelles et de la rouler ensuite au bout des galeries.

Le champignonniste n'a pas réellement toutes ses aises, et le consommateur en digérant son excellente marchandise, ne lui tient pas assez compte de ses efforts. On dit cependant qu'une bonne digestion rend généreux et bon. Mais notre champignonniste a d'autres dédommagements ; il paye sa carrière très-chère, de 150 à 600 fr., selon l'étendue, il dépense beaucoup pour son fumier, il a beaucoup de mal ; heureusement pour lui le public est gourmand et le champignonniste, profitant de cet aimable défaut, arrive à bien élever sa famille et à se préparer pour les vieux jours un repos honorable et suffisamment doré. Nous en connaissons qui ont pignon sur rue dans Paris, et nous voudrions que ce fut là le lot de tous.

On peut évaluer la production journalière à 25,000 kilogrammes, soit à 1 fr. le kilog. une création de 25,000 fr. par jour, 750,000 par mois, 9 millions par an.

Tout cela va à la halle, chez les fabricants de conserves et dans les départements.

On vendait autrefois les champignons sur les marchés, à la clayette ou maniveau. M. Bourget, rue de la Petite-Truanderie, commissionnaire et faqui savent, mais nous avons cru devoir les développer parce que c'est de leur bonne exécution que dépend la réussite ; nous avons voulu donner à ceux qui nous liront *le coup de main* que généralement on est obligé d'aller prendre au fond des carrières en voyant opérer les spécialistes.

Stratification du blanc avant le lardage. — Une couche en plein air qui est exposée à toutes les intempéries peut être lardée avec du blanc sec tel qu'on le retire du grenier ou du hangar sous lequel nous avons vu qu'on le conserve. L'expérience a fait voir que pour les meules dans les caves ou dans les carrières il y avait avantage à faire *revenir* le blanc à l'humidité, et à lui faire subir une sorte de stratification. Pour cela on prend les galettes dans le grenier et on les place par rangs sur le sol de la cave ou sur le plancher de la carrière, et on les y laisse huit à dix jours environ, jusqu'à ce que l'air humide les imprégnant fasse revenir les filaments à leur état normal et leur rendre leur forme cylindrique et leur aspect blanchâtre et feutré.

Il est important de ne faire revenir que la quantité de blanc que l'on emploiera immédiatement parce que le blanc *revenu*, desséché une deuxième fois, perdrait en qualité. Il faut aussi avoir soin de régler l'opération de manière à ce que le blanc soit *revenu* à point au moment où la meule sera bonne à larder ; l'un ne doit pas plus attendre que l'autre. Si le blanc restait trop longtemps en stratification, ses sporules gonflées par l'humidité ne trouvant pas la température nécessaire s'atrophieraient ; si la meule attendait, elle se refroidirait et ne pourrait plus faire développer le blanc qu'on lui confierait. Là encore l'expérience et la pratique éclairée peuvent seules guider l'ouvrier (1).

La stratification du blanc avance la récolte de huit à douze jours. Cette avance est encore une des raisons qui font que les champignonnistes des carrières, sauf le cas, où ils veulent renouveler leur semence, prennent leur blanc dans une meule précédemment montée. Quand la meule à larder arrive à la température voulue, le champignonniste choisit parmi ses meules antérieures celle qui lui paraît le plus à point, celle dans laquelle les filaments blancs se présentent nombreux, serrés et embrassant bien tous les détritus du fumier ; à ce moment on voit apparaître les premiers petits champignons. On abat la meule choisie, on enlève les galettes, on leur donne les dimensions décrites plus haut et on larde ensuite : ce blanc vierge et frais se trouve dans les meilleures conditions, et la récolte se fait vingt jours plus tôt qu'avec du blanc sec.

Sans crainte des redites et pour appeler l'attention de nos lecteurs sur des détails qui, petits en apparence, sont très-grands quant à la réussite de

(1) Il est bien évident que l'emploi d'un thermomètre donnerait des indications plus sûres, mais nous avons voulu dire ce qui se fait dans les carrières.

la culture nous reviendrons encore sur le choix des galettes.

Quelque soin qu'on ait apporté dans leur triage lorsqu'on les a retirées des couches spéciales pour les sécher au grenier, il faut encore les visiter minutieusement quand on les a fait revenir : ne conserver que celles qui présentent des filaments blanc-bleuâtre, bien enchevêtrés l'un dans l'autre, dégageant une odeur bien accusée de champignon. Rejeter les parties où l'on trouve des moisissures blanches ou jaunes ayant l'aspect farineux : c'est la chancissure, maladie du blanc, et quelques galettes atteintes suffiraient pour compromettre le succès d'une meule.

Quand on abat une meule pour y prendre le blanc frais, il faut aussi passer une inspection sévère des galettes qu'on en retire, rejeter tout ce qui n'a pas les caractères francs du bon blanc, ce qui est affecté du vert de gris (1) ; ne pas employer les anciennes mises ou lardons dans lesquelles les champignons sont à l'état rudimentaire ou déjà formés ; en un mot mettre de côté tout ce qui a un aspect douteux. Tout en passant cette inspection,

(1) Le vert de gris se présente dans les galettes sous forme de granules très-petits agglomérés ensemble. Ils ont la couleur du vert de gris et une odeur très-prononcée d'eau de javelle. Il faut retirer avec soin toutes les parties attaquées par le vert de gris, et ne pas hésiter à rejeter la galette entière, si ce produit y est abondant. Le vert de gris paraît dû à la décomposition de corps étrangers mêlés au fumier ; et sa présence amènerait de faux champignons à chapeau et support grêles et probablement vénéneux.

il faut amener les galettes aux dimensions indiquées pour avoir une production uniforme. Des galettes trop épaisses, outre qu'elles entraîneraient une consommation inutile de blanc, provoqueraient sur la meule la formation de *rochers* trop compacts et sur lesquels les champignons sont petits.

Certains champignonnistes retirent les mises qui annoncent la formation de rochers.

Quelques jours après le lardage, les filaments sortent du fumier et envahissent la surface; la meule entière prend une couleur blanc-bleuâtre; *il y a fleuri sur panne*, dit le champignonniste; c'est le moment de *gopter*.

Du Goptage des meules.

Gopter une meule, c'est la revêtir sur toute sa surface d'une enveloppe ou chemise de $0^m,02$ d'épaisseur en terre préparée à cet effet. Les champignonnistes des carrières emploient les débris provenant de la taille de pierres, débris toujours à leur portée et qu'on appelle *bousins*. Le bousin est passé à la claie, la partie fine est mélangée intimement avec de la terre légère dans la proportion de 1 de terre pour 3 de bousin. Le mélange est arrosé pour lui donner une moiteur telle qu'il conserve l'empreinte des doigts quand on le presse dans la main. L'addition de terre, disent les champignonnistes, *pousse aux graines*, c'est-à-dire qu'elle favorise le développement du champignon.

Dans les carrières on apporte la terre à gopter à la hotte et on la dépose en petits tas dans les sen-

Fig. 4. — Goptage et talochage des couches

tiers qui séparent les meules; puis au moyen d'une pelle en bois de 0m,16 de largeur et à manche court on étale la terre d'une manière bien uniforme, on lui donne une épaisseur de $0^m,02$; on la lisse, on la presse légèrement avec la pelle pour la faire adhérer à la meule, puis on bassine la surface avec un arrosoir à pomme très-fine et on laisse la meule se ressuyer jusqu'au lendemain. Le jour suivant on *taloche*, c'est-à-dire qu'on bat la surface des meules avec le dos de la pelle appelée taloche; on frappe assez fort pour que l'adhérence soit parfaite et que les eaux d'arrosage ne puissent entraîner la terre. Il n'y a plus d'opération après le goptage jusqu'à l'apparition des premiers champignons, mais il faut toujours surveiller les meules et les arroser avec un arrosoir à pompe fine, quand on voit que la terre blanchit et se dessèche.

Quarante jours après, on voit apparaître les premiers champignons, récompense d'un travail opiniâtre et intelligent. Pourquoi faut-il que trop souvent l'espoir soit déçu et que sans pouvoir en deviner la cause, le cultivateur voie ses frais et son travail perdus.

L'action du bousin est certainement due au sel de nitre ou salpêtre dont il est toujours fortement imprégné, et qui fournissant abondamment au champignon l'azote qui lui est nécessaire, favorise son développement. Aussi on peut remplacer le bousin par la même quantité de vieux plâtres concassés et passés au crible : ils sont riches en nitrate et poussent au développement du champignon.

C'est sur cette propriété des nitrates qu'est basée la culture sans engrais du docteur Labourdette.

Les résultats obtenus par lui sont réels, mais cette culture jusqu'à présent est restée à l'état d'expérience de laboratoire.

Nous avons dit qu'une meule était bonne à gopter sept à huit jours après le lardage ; ce temps peut varier selon la disposition des carrières et la hauteur de leurs plafonds. Les carrières à plafond élevé ont des courants d'air très-forts, leur température moyenne est de 11°, elles sont préférables en été ; les carrières à plafond bas ont une température moyenne de 19°, et sont plus avantageuses en hiver.

Quand on a à gopter une petite meule dans une cave, on peut opérer avec la main, ou avec une petite batte en bois de chêne de $0^{m},40$ sur $0^{m},25$ de large.

M. Renaudot, l'habile champignonniste de Méry, avait essayé de gopter à la mécanique, il a dû y renoncer, vu les sinuosités que les meules sont obligées d'affecter en suivant celles des galeries des carrières. J'avais essayé de gopter avec un cylindre à engrenages, monté sur deux roues, mais la difficulté de la manœuvre dans les carrières, l'impossibilité d'approcher des meules en acot m'y ont fait renoncer.

CHAPITRE IV

CULTURE EN PLEIN AIR

Autrefois les champignons étaient fournis par les maraîchers qui les cultivaient sur couches en plein air, mais seulement à partir du mois de septembre, d'abord parce qu'en été les orages contrarient trop cette culture, ensuite parce qu'à cette époque la culture forcée ou en primeurs étant beaucoup moins répandue, les champignons trouvaient un bon débouché dans les premiers mois de l'année.

La culture en plein air ne diffère de la culture en carrière que par quelques détails que nous allons signaler.

Le choix et la préparation du fumier sont les mêmes dans les deux cas. On monte le plancher dans les premiers jours de septembre, autant que possible, à proximité de l'emplacement de la couche. Dans les terres légères et perméables, la couche peut être montée sur le sol naturel ; si la terre est forte et peu perméable il faudra établir un premier lit de 0 m. 10 d'épaisseur avec des plâtras concassés ou bien creuser d'un demi fer de bèche le sentier tout autour de la meule pour l'assainir et l'égoutter.

Après quinze jours de travail, le fumier peut être conduit sur place. La meule est dressée au cordeau, on lui donne 0^m,66 de base et 0^m,60 de hauteur; le sommet se terminant en dos d'âne. On monte à la fourche puisqu'on a toute liberté de mouvements, on foule, on peigne, comme il a été dit et on laisse reposer cinq à six jours. On sonde alors pour constater le degré de la température et on larde comme nous avons dit, mais en employant du blanc sec. Cette prescription est très-importante ; à cette époque de l'année il y a toujours assez de pluies, de brouillard et même de la neige pour faire revenir le blanc; si on prenait du blanc frais on s'exposerait à la pourriture.

La meule lardée doit être couverte avec des paillassons, ou avec de la grande litière, si le temps est pluvieux, jusqu'au moment du goptage. On gopte avec toutes les précautions prescrites, puis on couvre la meule avec une chemise de paille ou de litière, chemise qui devra être renouvelée quand elle sera imprégnée d'eau par les pluies ou par la fonte des neiges. On peut espérer une récolte qui commencera en mars et se prolongera en avril et mai.

Quand les premiers champignons paraissent, le fumier reprend un peu de chaleur, il faut alors arroser si la terre devient sèche. On enlève la chemise et on bassine le matin ou le soir.

La récolte se fait le *matin* ; on lève la chemise, on cueille, on reterre et on replace la chemise ; il faut cueillir tous les deux jours.

Un fait exceptionnel s'est produit dans l'hiver très-doux de 1873-74. Des couches montées en septembre ont commencé à produire vers le 11 novembre et donnaient encore en mai.

bricant de conserves, a le premier introduit la vente au kilog. Cette maison emploie par an 200,000 kilog. tant pour ses conserves que pour l'expédition en province qui est en moyenne de plus de 500 kilog. par jour.

Les champignonnistes passent des marchés avec les fabricants de conserves aux prix de 120 à 125 fr. les 100 kilos, les marchés étant de six mois à un an.

Aux halles la vente se fait à la criée et à prix débattus.

Les expéditions en province se font par paniers de 15 à 20 kilog. Les champignons sont soigneusement emballés dans du foin et de la paille, garantis des chocs et des frottements. Les paniers sont dans des wagons spéciaux et n'en sortent que pour être conduits chez les marchands.

Quelques chiffres donneront une idée de l'importance de la culture des champignons dans Paris et ses environs.

M. Gérard, champignonniste à Houilles et aux Carrières, près Saint-Denis, emploie 19 chevaux et 50 ouvriers. Les frais journaliers sont de 500 francs. Il a 8,000 mètres de meules montées dans ses diverses carrières.

M. Renaudot, à Méry-sur-Oise, occupe les belles carrières à couches de cette commune. Il reçoit de Paris, chaque jour, un wagon de fumier, ce qui donne 293,000 kilog. par mois ; il a 3,500 mètres de meules et envoie à Paris 18,000 kilogrammes de champignons par mois.

Nous citerons encore :

M. Poussart, à Gouvieux, Picardie, 10 chevaux 30 ouvriers.

M. Monin, aux Moulineaux, 10 chevaux, 10 ouvriers.

M. Brique, à Paris, 2 chevaux, 8 ouvriers.

M. Moutin, à Paris, 10 chevaux, 30 ouvriers.

M. Victor Grillet, à Vitry, 2 chevaux, 6 ouvriers ; il a 12,800 mètres de meules dans trois carrières.

MM. Gardien, à Vendôme ; Busse, à Saumur ; Baloche, à Caen ; Dupuis, à Lille, produisent beaucoup de champignons consommés dans un rayon assez court.

Pour n'avoir pas à s'occuper des détails de la vente journalière les forts champignonnistes passent des marchés de six mois ou un an avec un commissionaire de la halle. Le commissionaire s'engage à prendre toute la production à un prix qui varie de 110 à 125 fr. les 100 kilog., selon la saison, car le prix des champignons baisse sensiblement quand les légumes frais arrivent sur le marché, le champignonniste de son côté fixe un minimum de production et s'engage à ne pas vendre à d'autres commissionnaires.

Il y a à Paris 50 commissionnaires qui ont le monopole de ce commerce, ils alimentent les magasins des fruitiers de Paris, les étalages des revendeuses à la halle et les fabriques de conserves ; enfin une bonne partie est envoyée dans les départements.

TABLE DES GRAVURES

TABLE DES MATIÈRES.

TABLE ALPHABÉTIQUE DES MATIÈRES.

FIN DE LA TABLE DES MATIÈRES.

LIBRAIRIE AGRICOLE

DE LA

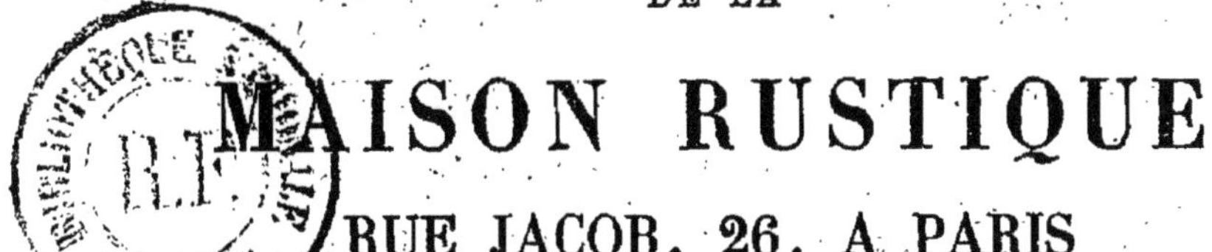

MAISON RUSTIQUE

RUE JACOB, 26, A PARIS

La **Librairie agricole de la Maison Rustique** *envoie franco à toute personne qui en fait la demande son catalogue le plus récent et un numéro spécimen du* **Journal d'agriculture pratique** *et de la* **Revue horticole.** (Voir l'*Avis important* à la dernière page.)

DIVISION DU CATALOGUE

I. — TRAITÉS GÉNÉRAUX D'AGRICULTURE

Maison rustique du XIXe siècle (*voir page* 2).

AVÈNE (Baron d'). — **Le Propriétaire-Agriculteur,** guide raisonné de la culture intensive. In-18, 124 pages 1.25

BODIN (J.). — **Éléments d'agriculture,** 5me édition in-18 de 396 pages et 42 gravures . . . . 2. »

BORIE (Victor). — **Les douze mois, Calendrier agricole.** In-8° à deux colonnes, de 380 pages et 80 grav. 3.50

— **Les Travaux des champs** (*Bibl. du Cultiv.*). In-18 de 188 pages et 121 grav. 1.25

— **Les Jeudis de M. Dulaurier,** Cours élémentaire d'agriculture. 2 vol. in-18.

1re *année :* 108 pages et 16 grav. . . . . » 75

2me *année :* 108 pages et 51 grav. . . . . » 75

DAMOURETTE. — **Calendrier du métayer** (*Bibl. du Cultiv.*). In-18 de 180 pages. 1.25

DOMBASLE (de). — **Traité d'agriculture.** 5 vol. in-8° ensemble de 2,400 pages . . . . 30. »

1re Partie : *Économie générale.* 1 vol. in-8° de 410 pages. 5. »

2e Partie : *Pratique agricole,* améliorations du sol, engrais et amendements, assolements, instruments ; cultures des plantes, récoltes, et conservation des produits. 2 vol. in-8° ensemble de 856 pages et 25 gravures. . . . . 10. »

3me Partie : *Le Bétail.* 1 vol. in-8° de 436 pages. . . . . 5. »

4e Partie : *Comptabilité.* 1 vol. in-8° de 654 pages. . . . 10. »

— **Calendrier du bon cultivateur.** 11e édition. In-12 de 912 pages et 39 gravures. 4.75

— **Abrégé du Calendrier,** ou manuel de l'agriculteur praticien. In-12 de 280 pages. 1.50

— **Extrait de l'Abrégé du Calendrier.** In-12 de 98 pages. ».60

FLEURVILLE (de). — **Physiologie élémentaire de l'agriculture.** 1 vol. in-18 de 180 pages. 1.50

FRUCHIER (Dr J.-A.). — **Traité d'agriculture théorique et pratique,** plus spécialement appliquée aux conditions agricoles du midi de la France. 1 vol. in-8° de 816 pag. et 140 gr. suivi d'un dictionnaire des plantes cultivées, des animaux domestiques, et de leurs principaux produits . . . . 8. »

GASPARIN (Comte de). — **Cours d'agriculture.** 6 vol. in-8°, de plus de 4000 pages et 235 grav. 39.50

Tome Ier. Terrains agricoles, propriétés physiques des terres, valeur des terrains, amendements, engrais.

— II. Météorologie agricole, constructions rurales.

Tome III. Mécanique agricole, agriculture générale, cultures spéciales, céréales et plantes légumineuses.
— IV. Plantes-racines, plantes oléagineuses, tinctoriales, textiles, fourragères; vigne et arbres fruitiers.
— V. Assolements, systèmes de culture, organisation et administration de l'entreprise agricole.
— VI. Principes de l'agronomie; nutrition des plantes, habitation des plantes, avec appendices et considérations sur les machines.

Chaque volume se vend séparément au prix de 7.50

GAUCHERON. — **Nouveau Cours d'agriculture pratique.** 2 vol. petit in-8° de 464 pages 2.50

GRANDEAU (L.). — **Cours d'agriculture de l'École forestière :**

Tome 1er. — La Nutrition de la plante, un beau volume grand in-8° de 624 pages, 39 fig. et 1 planche; prix : cartonné à l'anglaise . . . . 12. »

Le tome Ier seul a paru.

JOIGNEAUX (P.). — **Petite École d'agriculture** (*Bibl. des écoles primaires*). Un vol. in-18 de 124 pages et 42 gravures cartonné toile 1.25

—— **Les Champs et les Prés** (*Bibl. du Cult.*). In-18 de 154 p. 1.25

—— **Petits Entretiens sur la vie des champs.** 1 vol. in-18 de 112 pages avec grav. cartonné. . . . . ».60

LAURENÇON. — **Traité d'agriculture élémentaire et pratique** (*Bibl. des écoles primaires*). 2 vol. in-12, ensemble de 248 pages et 44 grav. 1.50

LENOIR. — **Notions usuelles d'agriculture,** manuel théorique et pratique à l'usage des instituteurs et des jeunes praticiens. 1 vol. in-8° de 160 pages. . . . . 2. »

MASURE. — **Leçons élémentaires d'agriculture,** à l'usage des agriculteurs praticiens, et destinées à l'enseignement agricole dans les écoles spéciales d'agriculture. 2 vol. in-18 ensemble de 800 pages et 52 figures . . . . 7. »

MILLET-ROBINET (Mme). — **Maison rustique des enfants.** in-4° imprimé avec luxe, de 320 pages, 120 grav. dans le texte, dessins de Bayard, O. de Penne, Lambert, etc. et 20 planches hors texte . . . . 8. »
Richement relié . . . . 13. »

MOLL ET GAYOT. — **Encyclopédie pratique de l'agriculteur,** publiée sous la direction de MM. *Moll,* professeur d'agriculture au Conservatoire des arts et métiers, et *Eug. Gayot,* ancien directeur de l'administration des Haras, avec la collaboration d'un grand nombre de savants. 13 vol. in-8° à 2 col., contenant de nombreuses gravures insérées dans le texte. . 90. »
Chaque volume séparément. . . . . 7. »

PERNY DE M***. — **A B C de l'agriculture pratique et chimique,** 4me édit. 1 vol. in-12 de 360 pages 3.50

PONCE (J.). — **Traité d'agriculture pratique et d'économie rurale.** 1 vol. in-18 de 278 pages et 40 planches. 1.75

SCHWERZ. — **Manuel de l'agriculteur commençant** (*Bibl. du Cult.*), traduit par Villeroy. In-18 de 332 pages. 1.25

TEISSÉRENC DE BORT (Edmond). — **Petit Questionnaire agricole** à l'usage des écoles primaires des pays de pâturage (*Bibl. des écoles primaires*). 1 vol. in-18 de 192 pages et 16 grav. cartonné toile à l'anglaise. 1.25

II. — CHIMIE ET PHYSIOLOGIE AGRICOLES. — SOLS, ENGRAIS ET AMENDEMENTS. — PHYSIQUE, MÉTÉOROLOGIE.

Maison rustique du XIXe siècle, tome Ier (*voir page* 2).

BIEZ (Em.). — **La Doctrine des engrais chimiques de M. Georges Ville résumée en deux tableaux synoptiques** : 1° la théorie; 2° la pratique. 2 tableaux grand in-plano . . . . 5. »

BORTIER. — **Coquilles animalisées,** leur emploi en agriculture. In-8° de 8 pages. . . . . 1. »

—— **Tangue ou sablon calcaire marin.** Broch. gr. in-8° de 16 pages et une carte . . . . 1. »

COUDERC (Victor). — **Analyse des terres arables,** méthode simple, facile et suffisamment exacte. Brochure. in-8° de 16 pages. . . . . » 50

DARREAU. — **Les engrais solubles,** considérés au point de vue de l'hygiène et de leur préparation; applications à la terre arable, au potager et aux fleurs. 1 vol. in-18 de 78 pages. 1.50

DAUVERNÉ. — **Huit Leçons d'agriculture et de chimie agricole.** 1 vol. in-18 de 200 pages. 1.25

DOMBASLE (de). — **Pratique agricole,** améliorations du sol, engrais et amendements, etc. (tome II du *Traité d'agriculture*, voir page 3). 1 vol. in-8° de 456 pages . . . . 5. »

DUDOUY. — **Comptabilité du sol**; enlèvement par les plantes et restitution par les engrais des substances organiques et minérales. 1 grand tableau colorié. 3.50

Collé sur toile, verni, avec rouleaux. 6.50

FOUQUET (G.). — **Conférences agricoles**: le fumier, épuisement du sol par les plantes et le bétail, etc. 1 vol. in-18 de 120 pag. 1.25

GASPARIN (comte de). — **Cours d'agriculture, tomes I, II, et IV** : terrains agricoles, engrais et amendements, météorologie, nutrition des plantes, etc. (voir page 3).

GRANDEAU. — **Traité d'analyse des matières agricoles.** Sols, eaux, amendements, engrais, principes immédiats des végétaux, fourrages, boissons, fumier, excréments, laine, produits de la laiterie. (*Épuisé* : la 2e édition est sous presse.)

— **Chimie et physiologie appliquées à la sylviculture** (annales de la station agronomique de l'Est, travaux de 1868 à 1878) 1 vol. grand in-8° de 414 pag. . . 9.

— **La Nutrition de la plante** : les doctrines agricoles, l'atmosphère et la plante. (Tome Ier du *Cours d'agriculture de l'École forestière*) un beau vol. grand in-8° de 624 pages, 39 figures et une planche, cartonné à l'anglaise. . . . . 12. »

HEUZÉ (Gustave). — **Les Matières fertilisantes**, engrais minéraux, végétaux et animaux, solides et liquides, naturels et artificiels. 4e édition, 1 vol. in-8° de 708 pages et 41 gr. . 9. »

HOUZEAU. — **Détermination de la valeur des engrais**, instruction pour l'emploi de l'azotimètre servant à doser l'azote des engrais. Gr. in-8° de 24 pages, avec tableaux. . . 1. »

JOULIE. — **Guide pour l'achat et l'emploi des engrais chimiques.** 1 vol. in-8° de 488 pages. . . . . 3. »

LEFOUR. — **Sol et Engrais** (*Bibl. du Cult.*). In-18 de 176 pages et 54 grav. 1.25

LÉVY (Dr). — **Amélioration du fumier de ferme** par l'association des engrais chimiques et la création de nitrières artificielles. In-18 de 152 pages. . . . . 2. »

MARIÉ-DAVY. — **Météorologie et physique agricoles.** 1 vol. in-18 de 400 pages et 53 grav. 3.50

MASURE. — **Leçons élémentaires d'agriculture,** à l'usage des agriculteurs praticiens, et destinées à l'enseignement agricole dans les écoles spéciales d'agriculture.

Première partie : les plantes de grande culture, leur organisation et leur alimentation. In-18 de 330 p. et 32 grav. . 3.50

Deuxième partie : Vie aérienne et vie souterraine des plantes de grande culture. 1 vol. in-18 de 477 pages et 20 grav. 3.50

MUSSA (Louis). — **Pratique des engrais chimiques,** suivant le système Georges Ville (*Bibl. du Cult.*). In-18 de 144 pages. 1.25

PAGNOUL (A.). — **Station agricole du Pas-de-Calais,** compte-rendu de ses travaux en 1877 et description des principales méthodes d'analyse employées. Broch. in-8° de 94 pages ou tableaux. 2. »

PERNY DE M***. — **A B C de l'agriculture pratique et chimique.** 4me édit. 1 vol. in-12 de 360 pages. 3.50

PETERMANN (A.). — **La Composition moyenne des principales plantes cultivées.** Tableau colorié . . . . 3. »

RONNA (A.). — **Eaux d'égout de la ville de Reims**, irrigation ou épuration chimique. Broch. grand in-8° de 76 pages ou tableaux. . . . . 2. »

SACC. — **Chimie du sol** (*Bibl. du Cult.*). In-18 de 148 pages. . . 1.25

—— **Chimie des végétaux** (*Bibl. du Cult.*). In-18 de 220 pages. 1.25

—— **Chimie des animaux** (*Bibl. du Cult.*). In-18 de 154 pages. 1.25

STOCKHARDT. — **Chimie usuelle**, appliquée à l'agriculture et aux arts, traduite par Brustlein. In-18 de 524 p. et 225 gr. 4.50

VILLE (Georges). — **Les Engrais chimiques**, entretiens agricoles donnés aux champs d'expériences de Vincennes en 1867 : 6e édition. 1 vol. in-18 de 412 pages avec préface nouvelle. 4 gravures et 2 planches 3.50

—— **L'École des engrais chimiques**, premières notions de l'emploi des agents de fertilité (*Bibl. des écoles primaires*). In-12 de 108 pages et 1 planche. . . . . 1. »

III. — CULTURES SPÉCIALES

(*Céréales, plantes fourragères, vigne, etc., etc.; maladies des plantes, insectes nuisibles.*)

Maison rustique du XIXe siècle, tomes I et II (*voir page* 2)

BORIT (Eugène). — **Viticulture de l'Anjou.** 1 vol. in-18 de 140 pages 1.50

BURGER. — **Hygiène de la vigne**, traitement des vignes phylloxérées par le sulfate de fer. 8 pages in-8°. . . . . ».50

CHARREL. — **Traité de la culture du mûrier.** In-8°, 268 p. . 1.75

CHAVANNES (de). — **Le Mûrier**, manière de le cultiver avec succès dans le centre de la France. 1 vol. in-8° de 128 pages. . . 1.25

COLLIGNON D'ANCY. — **Mode de culture et d'échalassement de la vigne** (1847). In-8° de 200 p. et 3 planches. . . 3. »

CORVISART (Baron). — **Notice sur la conservation très-prolongée du maïs fourrage** à l'état frais et vert dans de simples silos économiques en terre nue. Broch. in-4° de 24 pages et 5 gravures. 2.50

DÉJERNON. — **La Vigne en France et spécialement dans le Sud-Ouest**, aperçus économiques, culture de la vigne, reproduction, cépages, engrais, plantation, taille et façons (1866). 1 vol. in-8° de 500 pages . . . . 5. »

DESFORGES. — **Préservatif certain contre la gelée des vignes.** Broch. in-8° de 16 pages et 8 grav. . . . . . ».50

DOMBASLE (de). — **Pratique agricole**, culture des plantes, récoltes, et conservation des produits, etc. (Tome III du *Traité d'agriculture*, voir page 3), 1 vol. in-8° de 400 pages. . . . 5. »

DOYÈRE. — **Recherches sur l'alucite des céréales.** In-4° de 146 pages et 3 planches. 3.50

GAGNAIRE. — **Culture extensive de la pomme de terre Early rose** et de ses congénères. Broch. in-12 de 48 pages. » 50

GASPARIN (comte de). — **Cours d'agriculture, tomes III et IV** : cultures spéciales, céréales, plantes légumineuses, plantes-racines, tinctoriales, textiles, fourragères, etc. (voir page 3.)

GUÉRIN. — **Le Phylloxera et les Vignes de l'avenir** (1875). 1 fort vol. in-8° de 348 pages. . . . . 4. »

—— **Congrès et excursions viticoles**, les vignes américaines. 1 vol. in-18 de 200 pages. 1.50

—— **Instituts et pépinières viticoles.** Broch. in-8° de 30 p. ».50

GUYOT (Jules). — **Culture de la vigne et vinification.** 2me éd. 1 vol. in-18 de 426 pages et 30 grav. 3.50

—— **Viticulture de la Charente-Inférieure.** 1 vol. in-4° de 60 pages 2.50

—— **Viticulture de l'est de la France.** 1 vol. in-4° de 204 pages et 46 grav. 3.50

—— **Viticulture du sud-ouest de la France.** 1 vol. in-4° de 248 pages et 89 gravures. 4.50

HECQUET D'ORVAL. — **Destruction des vers blancs par la jachère.** Broch. gr. in-8° de 32 pages.

—— **Destruction des insectes nuisibles aux récoltes.** Broch. grand in-8° de 40 pages. . . . .

HEUZÉ (Gustave). — **Plantes alimentaires**, comprenant les plantes céréales (blé, seigle, orge, avoine, maïs, riz, millet, sarrasin et céréales des régions équatoriales), les plantes légumineuses (haricot, dolic, fève, lentille, gesse, pois), les plantes des régions intertropicales et les gros légumes (carotte, betterave, etc., etc.). Deux volumes in-8° ensemble de 1328 pag. et 244 grav.; avec un atlas grand in-8° jésus contenant 102 épis de céréales, gravés sur acier, grandeur naturelle. . 30 »

—— **Plantes industrielles.** 2 vol. in-8° ensemble de 888 pages avec 63 grav. sur bois et 20 planches coloriées.

1re partie (épuisée) : plantes oléagineuses, tinctoriales, salifères, à balais, condimentaires, à cardes et d'ornement funéraire.

2me partie : plantes textiles, narcotiques, à sucre et à alcool, aromatiques et médicinales. 510 pages, 41 grav. noires, 10 pl. coloriées. . . . . 9. »

HEUZÉ (Gustave). — **Plantes oléagineuses** (*Bibl. du Cult.*). 1 vol. in-18 de 180 pages et 30 grav. 1.25

— **L'Agriculture de l'Italie septentrionale,** la région du maïs ; les sociétés d'irrigation, la culture du riz, de la paille à chapeaux, la pellagre, le chanvre, les plantes à balais, les arbres fruitiers, 1 vol. in-8° de 414 pages et 22 grav. . 5. »

— **Traitement des vignes malades,** rapport adressé au ministre de l'intérieur en 1853. In-8° de 72 pages . . . . 1. »

— **Culture du pavot.** In-18 de 44 pages. . . . . » .75

HOOÏBRENK. — **Fécondation artificielle des céréales.** Broch. in-8° de 24 pages. . . . . » .50

HUARD DU PLESSIS. — **Le Noyer,** sa culture et fabrication des huiles de noix (*Bibl. du Cult.*). In-18 de 175 p. et 45 gr. 1.25

JOIGNEAUX (A.). — **Le congrès phylloxérique de Bordeaux en 1881.** Broch. in-8° de 16 pages. . . . . . . » .50

KAINDLER. — **Culture du coton** en Algérie. In-18 de 24 p. » .50

LALIMAN. — **Études sur les divers travaux phylloxériques et les vignes américaines** (1880). 1 vol. gr. in-8° de 200 pages . . . . 3. »

LEPLAY. — **Culture du sorgho sucré.** Br. in-8° de 36 pages. 1. »

MICHAUX. — **Plus d'échalas ;** remplacés par des lignes de fil de fer mobiles. In-8° de 18 pages et une planche. . . » .40

MOUILLEFERT. — **Le Phylloxera ;** résultats obtenus en 1876 à la station viticole de Cognac. Br. in-12 de 55 pages. . . 1. »

ODART (Comte). — **Ampélographie universelle** ou Traité des cépages les plus estimés. 5me éd. 1 vol. in-8° de 650 pages. 7.50

OLIVIER (Ernest). — **La Chrysomèle des pommes de terre,** *doryphora decemlineata*, mœurs, histoire, moyens de destruction. Broch. petit in-8° de 36 pages. . . . . » .75

PAILLIEUX (A.). — **Le Soya,** sa composition chimique, ses variétés, sa culture, ses usages. 1 vol. grand in-8° de 128 p. 2.50

PAPILLAUD. — **Culture pratique des vignes américaines,** conseils aux vignerons charentais. Broch. in-18 de 64 pages et 2 planches. . . . . » .75

PEILLARD (A.). — **Méthode préservatrice de la maladie de la vigne due au phylloxera** (1876). Broch. gr. in-8° de 24 pages. . . . . » .50

PIERRE (Is.). — **Recherches analytiques sur la valeur comparée de plusieurs des principales variétés de betteraves.** Broch. in-8° de 46 pages . . . . . . » .70

ROHART (F.). — **La question du phylloxera**; la submersion, régénération par les semis, les cépages américains, l'asphyxie souterraine (1875). 1 vol. in-18 de 160 pages et 16 grav. . 2.50

SUTTON (Martin H.). — **Ensemencement des prairies permanentes et amélioration des vieilles prairies.** In-4° de 42 pages ou tableaux avec 35 grav. 4.25

VILLE (Georges). — **Maladie des pommes de terre.** Grand in-8° de 32 pages. . . . . 1. »

— **La Betterave et la Législation des sucres** (1868). Grand in-8° de 48 pages et 2 planches. 1.25

IV. — ANIMAUX DOMESTIQUES

(*Économie du bétail, races, élevage, maladies, etc.*)

Maison rustique du XIXe siècle, tome II (*voir page* 2).

Herd-Book français, registre des animaux de pur sang, de la race bovine courtes-cornes améliorée, dite race de Durham, nés ou importés en France, publié par le ministère de l'agriculture. 10 vol. in-8°.

Tome Ier (épuisé). — II (1858). — III (1862). — IV (1866) 2 vol. — V (1869). — VI (1872). — VII (1874). — VIII (1876). — IX (1878). X (1880).

Chaque volume se vend séparément . . . . 5. »

BÉNION. — **Traité des maladies du cheval**, notions usuelles de pharmacie et de médecine vétérinaires; description et traitement des maladies. 1 vol. in-18 de 340 pages et 25 grav. . 3.50

— **Les Races canines**; origine, transformations, élevage, amélioration, croisement, éducation, races, maladies, taxes, etc. 1 vol. in-18 de 260 pages et 12 grav. 3.50

BORIE (Victor). — **Les Animaux de la ferme**, espèce bovine. 1 très-beau volume, grand in-4°, imprimé avec luxe, renfermant 336 pages avec 65 gravures noires intercalées dans le texte et 46 planches coloriées d'après les aquarelles d'Ol. de Penne, représentant tous les types de la race bovine.

Cartonné. . . . . 85. »

Richement relié . . . . 100. »

DAMPIERRE (de). — **Races bovines** (*Bibl. du Cult.*). 2me éd. In-18 de 192 pages et 28 grav. 1.25

DENEUBOURG. — **Traité pratique d'obstétrique ou de la parturition des principales femelles domestiques**, comprenant tout ce qui a rapport à la génération et à la mise-bas naturelle, les soins à donner à la mère et au nouveau-né, les maladies, les difficultés de part et les moyens d'y remédier. 1 vol. in-8° de 584 pages et 83 grav. 8. »

DOMBASLE (de). — **Le Bétail** (tome IV du *Traité d'agriculture*, (voir page 3). 1 vol. in-8° de 436 pages. . . . . 5. »

FLAXLAND. — **La Race bovine en Alsace**, études sur l'élevage, l'entretien, l'amélioration. In-8° de 124 pages. . . . . . . 2. »

GAYOT (Eug.). — **Mouches et Vers.** In-18 de 248 pages et 33 grav. 3.50

— **Guide du sportsman**, traité de l'entraînement et des courses de chevaux. 4me éd. 1 vol. in-18 de 376 p. et 12 gr. 3.50

— **Le Léporide et le lapin Saint-Pierre.** Broch. gr. in-8° de 72 pages. 2.50

— **Achat du cheval**, ou choix raisonné des chevaux d'après leur conformation et leurs aptitudes (*Bibl. du Cult.*). In-18 de 180 pages et 25 grav. 1.25

— **Poules et Œufs** (*Bibl. du Cult.*). In-18 de 216 p. et 40 gr. 1.25

— **Lapins, lièvres et léporides.** (*Bibl. du Cult.*) In-18 de 180 pages et 15 grav. 1.25

GEOFFROY SAINT-HILAIRE. — **Acclimatation et domestication des animaux utiles.** 4me éd. 1 beau vol. in-8° de 534 pages et 47 grav. . . . . 9. »

GRANDEAU (L.) — **Instruction pratique sur le calcul des rations alimentaires des animaux de la ferme**, suivie de tableaux indiquant la composition des fourrages et autres aliments du bétail. Broch. in-8° de 52 p. et 8 tableaux. 2. »

HAYS (Charles du). — **Le Merlerault**, ses herbages, ses éleveurs, ses chevaux. 1 vol. in-18 de 182 pages. . . . . 3. »

— **Le Cheval percheron** (*Bibl. du Cult.*). In-18 de 176 pages. 1.25

HEUZÉ (Gustave). — **Le Porc**, historique, caractères, races; élevage et engraissement; abatage et utilisation, études économiques; 2e éd. 1 vol. in-18 de 322 pages et 50 grav. 3.50

HUARD DU PLESSIS. — **La Chèvre** (*Bibl. du Cult.*). In-18 de 164 pages et 42 grav. 1.25

JACQUE (Ch.). — **Le Poulailler**, monographie des poules indigènes et exotiques, 2me éd. texte et dessins par Jacque. In-18, 360 pages et 117 grav. 3.50

Kühn (Julius). — **Traité de l'alimentation des bêtes bovines**, traduit de l'allemand sur la cinquième édition par F. Roblin. Petit in-8° de 300 pages et 61 grav. . . . . . 5. »

La Blanchère (de). — **Les Chiens de chasse**, races françaises et anglaises, chenils, élevage et dressage, maladies (traitement allopathique et homœopathique). 1 beau vol. gr. in-8° de 300 pag. et 53 grav. (Dessins par Ol. de Penne). . . . 6. »

Le même, avec 8 planches coloriées. . . . . 8. »

Lefour. — **Le Mouton**. 1 vol. in-18 de 392 pages et 76 grav. . . 3.50

—— **Animaux domestiques**, zootechnie générale (*Bibl. du Cult.*). In-18 de 154 pages et 33 grav. 1.25

—— **Cheval, Ane et Mulet** (*Bibl. du Cult.*). In-18 de 180 pages et 136 grav. 1.25

Léouzon. — **Manuel de la porcherie** (*Bibl. du Cult.*). In-18 de 168 pages et 38 grav. 1.25

Magne. — **Choix des vaches laitières** (*Bibl. du Cult.*). In-18 de 144 pages et 39 grav. 1.25

Millet-Robinet (Mme). — **Basse-cour, Pigeons et Lapins** (*Bibl. du Cult.*). In-18 de 180 pages et 26 grav. 1.25

Pelletan. — **Pigeons, Dindons, Oies et Canards** (*Bibl. du Cult.*). 1 vol. in-18 de 180 pages et 20 grav. 1.25

Quivogne. — **Suppression de l'administration des haras** (1873). In-8° de 64 pages. . . . . 1. »

Richard (du Cantal). — **Étude du cheval de service et de guerre**; d'après les principes élémentaires des sciences naturelles appliqués à l'agriculture, 5e éd. In-18 de 590 pages. 5.50

Saive (de). — **L'Inoculation du bétail**. In-8° de 102 pages. . 2.50

Sanson (André). — **Traité de zootechnie, ou Économie du bétail**, nouvelle édition. 5 vol. in-18, ensemble de 2,016 pages et 236 gravures 17.50

Division de l'ouvrage :

1re Partie.	2me Partie.
ZOOLOGIE ET ZOOTECHNIE GÉNÉRALES	ZOOLOGIE ET ZOOTECHNIE SPÉCIALES.
Tome Ier : Organisation, fonctions physiologiques et hygiène des animaux domestiques agricoles.	Tome III : chevaux, âne, mulets.
	Tome IV : Bœufs et buffles.
Tome II : Lois naturelles et méthodes zootechniques.	Tome V : Moutons, chèvres et porcs.

Chaque volume se vend séparément. 3.50

SANSON (André). — **Notions usuelles de médecine vétérinaire** (*Bibl. du Cult.*). In-18 de 174 pages et 13 grav. . 1.25

—— **Les Moutons** (*Bibl. du Cult.*). In-18 de 168 p. et 56 grav. 1.25

VIAL (A. A.). — **Connaissance pratique du cheval**; traité d'hippologie à l'usage des sportsmen, officiers de cavalerie, vétérinaires, marchands de chevaux, éleveurs, cultivateurs, etc. 3e édition, 1 vol. in-18 de 372 pages et 72 fig. 3.50

VIAL. — **Engraissement du bœuf** (*Bibl. du Cult.*). In-18 de 180 pages et 12 grav. 1.25

VILLEROY. — **Manuel de l'éleveur de bêtes à laine.** 1 vol. in-18 de 336 pages et 54 grav. 3.50

—— **Manuel de l'éleveur de bêtes à cornes** (*Bibl. du Cult.*). In-18 de 308 pages et 65 grav. 1.25

WOLF. — **Etude de l'alimentation rationnelle des animaux domestiques**, traduit de l'allemand par Ad. Damseaux. 1 vol. in-18 de 380 pages ou tableaux 3.50

V. — INDUSTRIES AGRICOLES

Abeilles et vers à soie; vins et boissons diverses; arts agricoles divers.

Maison rustique du XIXe siècle, tome III (*voir page* 2).

Congrès viticole et séricicole de Lyon en 1872; comptes rendus des travaux. In-8° de 278 pages. . . . . . 5. »

ALBÉRIC (Frère). — **Les Abeilles et la Ruche à porte-rayons.** 1 vol. in-18 de 134 pages et 11 grav. 1.50

BOULLENOIS (de). — **Conseils aux nouveaux éducateurs de vers à soie**, 3me édit. In-8° de 248 pages. 3.50

BOURDOUCHE. — **Théorie de la fécule agricole** et de ses dérivés. Broch. in-16 de 64 pages. . . . . ».75

DEBEAUVOIS. — **Guide de l'apiculteur**, physiologie des abeilles, leur architecture; leurs essaims, leurs maladies, leurs ennemis; les ruches et le rucher; produits des abeilles, 6me édit. 1 vol. in-18 de 340 pages. et une planche. 2.50

GIRARD (Maurice). — **Les Insectes utiles, abeilles et vers à soie**, à l'exposition de 1867. In-8° de 39 pages. . . . 1.50

GIRET et VINAS. — **Chauffage des vins**, en vue de les conserver, les muter et les vieillir. 2e éd. 1 vol. in-18 de 143 p. et 3 grav. 1.25

GIVELET (Henri). — **L'Ailante et son bombyx**; culture de l'ailante, éducation de son bombyx et valeur de la soie qu'on en tire. 1 vol. grand in-8° de 164 pages et 19 planches. . 5. »

GUYOT (Jules). — **Culture de la vigne et vinification.** 2e éd. 1 vol. in-18 de 426 pages et 30 grav 3.50

HUARD DU PLESSIS. — **Le Noyer, sa culture et fabrication des huiles de noix** (*Bibl. du Cultiv.*). In-18 de 175 pages, et 45 gravures. 1.25

MAGNIEN. — **La Coloration artificielle des vins,** études sur les moyens de déceler et de réprimer la fraude. Brochure gr. in-8° de 24 pages . . . . 1. »

MARTIN (de). — **Les Fouloirs, Pompes, Pressoirs,** au concours vinicole de Narbonne. 1 vol. in-8° de 68 pages avec tableaux. 2. »

— **La Vérité sur le plâtrage des vins.** Broch. in-8° de 16 pages. . . . . ».75

MASQUARD (de). — **Les Maladies des vers à soie.** In-8° de 64 pages. 1.75

MONA (A.). — **L'Abeille italienne,** art d'italianiser les ruches communes. In-18 de 45 pages . . . . ».75

P** DE M. — **Vers à soie,** régénération, cause de l'épidémie, moyen de la combattre. 3me éd. In-8° de 31 pages. . 2. »

PELLETAN. — **Manuel pratique du microscope appliqué à la sériciculture** (procédés Pasteur). 1 vol. in-18 de 132 p. et 11 grav. . . . . 2. »

PERSONNAT. — **Le Ver à soie du chêne** (bombyx Yama-maï), son histoire, sa description, ses mœurs, ses produits. 4me éd. In-8° de 132 pages, 2 grav. noires, et 3 planches coloriées. 3. »

RIBEAUCOURT. — **Manuel d'apiculture rationnelle,** d'après les méthodes nouvelles. 1 vol. in-16 de 126 pages et 15 grav. 1.50

ROBERT (Gustave). — **Économie rurale du pays de Bray,** industrie laitière, beurre de Gournay, fromages de Neufchâtel, brochure grand in-8° de 34 pages ou tableaux et 2 grav. . . . . 1. »

[illegible]OT (l'abbé). — **Les Abeilles,** leur histoire, leur culture avec la ruche à cadres et greniers mobiles. 2e édition entièrement refondue. 1 vol. in-18 de 176 pages et 13 grav. . . . . . . 2. »

SÉGUIN-ROLLAND. — **Soins à donner aux vins fins de la Côte-d'Or,** depuis la vendange jusqu'à leur mise en consommation. Broch. gr. in-8° 20 pages et 7 grav. . . . . 1. »

TOUAILLON (fils). — **La Meunerie, la boulangerie, la biscuiterie et les autres industries agricoles alimentaires :** vermicellerie, amidonnerie, décortication des légumineuses, féculerie, glucoserie, rizerie, huilerie, chocolaterie, conserves alimentaires, margarine et moutarde avec un chapitre sur le broyage des engrais. 1 beau vol. in-8° de 504 pages . . . . 7. »

VERGNETTE-LAMOTTE (de). — **Le Vin**, 2e éd. 1 vol. in-18 de 402 pag., 31 grav. noires et 3 planches coloriées 3.50

VI. — GÉNIE RURAL. — DRAINAGE, IRRIGATIONS. — MACHINES ET CONSTRUCTIONS AGRICOLES.

Maison rustique du XIXe siècle, tomes Ier et IV (*voir page* 2).

BARRAL. — **Drainage des terres arables.** 3e éd. 2 vol. in-18 ensemble de 960 pages, 443 grav. et 9 planches . . . . 7. »

— **Législation du drainage, des irrigations et autres améliorations foncières permanentes.** 1 vol. in-18 de 664 pages, avec 18 grav. et 1 planche 7.50

BERTIN. — **Des Chemins vicinaux** (1853). In-8° de 111 pages. 1. »

— **Code des irrigations.** 1 vol. in-8° de 182 pages . . . . . 3. »

BRETON. — **Manuel théorique et pratique du défrichement.** In-8° de 400 pages. . . . . 4. »

DUPLESSIS. — **Traité de nivellement**, comprenant les principes généraux, la description et l'usage des instruments, les opérations et les applications. 1 vol. gr. in-8° de 364 p. et 112 fig. 8. »

GASPARIN (comte de). — **Cours d'agriculture, tomes II, III et VI**, constructions rurales, mécanique agricole, machines, etc. (Voir page 3).

GOUSSARD DE MAYOLLES. — **Moissonneuses, faucheuses et râteaux à cheval en 1873**, au concours international de Brizay. 1 vol. gr. in-8° de 216 pages avec gravures. . . 4. »

GRANDVOINNET. — **Constructions rurales : les Bergeries**; dispositions diverses, constructions, matériel meublant. 1 vol. in-18 de 314 pages et 169 grav. . . . . 5. »

LAMBOT-MIRAVAL. — **Observations sur les moyens de reverdir les montagnes et de prévenir les inondations.** In-8° de 66 pages et 1 planche. . . . . 2. »

LECOUTEUX. — **Labourage à vapeur et labours profonds**, résultats du concours international de Petit-Bourg en 1867. 1 vol. grand in-8° à deux colonnes de 96 pages et 14 grav. . 3. »

LEFOUR. — **Culture générale et instruments aratoires** (*Bibl. du Cultiv.*). In-18 de 174 pages et 135 grav 1.25

—— **Comptabilité et géométrie agricoles** (*Bibl. du Cult.*). In-18 de 214 pages et 104 gravures 1.25

MIDY. — **Le Drainage et l'Irrigation.** In-8° de 22 pages. . . » .50

MULLER ET VILLEROY. — **Manuel des irrigations.** 1 vol. in-18 de 263 pages et 123 grav 3.50

TRANIÉ. — **De l'Arrosage pratique,** canal d'irrigation de Lestelle. Broch. gr. in-8° de 36 pages et 3 planches. . . . . . 3. »

VIDALIN (F.). — **Pratique des irrigations** en France et en Algérie (*Bibl. du Cult.*). In-18 de 180 pages et 22 grav. . . . 1,25

VIGNOTTI. — **Irrigations du Piémont et de la Lombardie.** 1 vol. in-18 de 94 pages . . . . » .75

VII. — ÉCONOMIE RURALE. — SYSTÈMES DE CULTURE ET COMPTABILITÉ. — MÉLANGES D'AGRICULTURE (*Voyages, annales, congrès, enquêtes. — Études agricoles appliquées à des régions particulières et monographies d'exploitations rurales.*)

Maison rustique du XIXe siècle, tome IV (*voir page* 2).

Agenda agricole, aide-mémoire publié à Genève par L. Archinard et H. de Westerweller. 2,50

Almanach du Cultivateur, par les Rédacteurs de la *Maison rustique.* 192 pages in-32 et nomb. grav . . . . . . » .50

Annales de l'Institut agronomique de Versailles.

1re Partie : Rapports sur l'administration, par Lecouteux; sur l'alimentation du bétail, par Baudement; sur les insectes nuisibles aux colzas, par Focillon; etc., etc. In-4° de 272 p. et 3 planches. . . . . 5. »

2me Partie : Recherches sur l'alucite des céréales, par Doyère. In-4° de 146 pages et 3 planches. 3.50

Congrès de la Société des agriculteurs de France, tenu à Châteauroux en 1874, compte rendu des travaux publié par M. Damourette. 1 vol. gr. in-8° de 412 pages avec grav. 4. »

Congrès viticole et séricicole de Lyon en 1872, comptes rendus des travaux. In-8° de 278 pages. . . . . 5. »

Enquête sur l'agriculture française, par une réunion de députés. 1 vol. in-8° de 246 pages. 2,50

Primes d'honneur, décernées dans les concours régionaux en 1868. Grand in-8° de 582 pages, 19 planches coloriées et nombreuses figures dans le texte. . . . . 20. »

BAHIER. — **Éléments d'économie et d'administration rurales.** 1 vol. in-18 de 432 pages. . . . . 3. »

BÉHAGUE (de). — **Considérations sur la vie rurale**, un grand-père à ses petits-enfants. In-12 de 220 pages . . . . 2. »

BONNIER. — **De l'Assistance publique.** 1 vol. gr. in-8° de 224 p. 3. »

BORIE (Victor). — **Étude sur le crédit agricole et le crédit foncier** en France et à l'étranger. 1 v. in-8° de 304 p. 5. »

—— **La Question du pot-au-feu**, organisation du commerce des viandes. In-8° de 48 pages. . . . . 1.

BRETON (F.). — **L'Assistance publique et la bienfaisance au XIXe siècle.** 1 vol. in-8° de 176 pages 2.50

CACCIANIGA. — **La Vie champêtre**, études morales et économiques, traduction de l'italien par Léon Dieu, 1 vol. in-8° de 208 pages . . . . 2. »

CARPENTIER. — **Entretien sur l'enseignement agricole en France** (1864). Broch. in-8° de 16 pages. . . . . ».50

DESBOIS. — **Le Petit Barême agricole** pour l'évaluation des récoltes. Broch. in-12 de 22 pages ou tableaux. . . . . . ».75

DESTREMX DE SAINT-CRISTOL. — **Agriculture méridionale**; le Gard et l'Ardèche. In-8° de 432 pages 3.50

—— **Essai d'économie rurale et d'agriculture pratique.** 1 vol. in-8° de 314 pages. 2.50

DOMBASLE (de). — **Annales de Roville**, ou mélanges d'agriculture, d'économie rurale et de législation agricole. 9 vol. in-8° 61.50

—— **Économie générale**, intervention des pouvoirs publics, économie générale du personnel, des bâtiments ruraux (tome Ier du *Traité d'agriculture*, voir page 3). 1 vol. in-8° de 410 pages . . . . 5. »

—— **Comptabilité agricole** (tome V du *Traité d'agriculture*, voir page 00). 1 vol. in-8° de 654 pages. . . . . 10. »

—— **Économie politique et agricole**, études sur le commerce international dans ses rapports avec la richesse des peuples, et sur l'organisation du travail. In-18 de 196 pages. 1.50

—— **Ecoles d'arts et métiers.** In-18 de 104 pages . . . . 1. »

DREUILLE (de). — **Du métayage et des moyens de le remplacer.** 1 vol. in-18 de 104 pages . . . . 1. »

DUBOST et PACOUT. — **Comptabilité de la ferme** (*Bibl. du Cultiv.*). 1 vol. in-18 de 124 pages ou tableaux. 1.25

Registres pour la comptabilité de la ferme, cinq vol. in-folio pot avec instructions pratiques. . . . . 10. »

Livre d'inventaire. — Livre de magasin de la ferme. — Livre de magasin à l'usage de la fermière. — Livre de caisse de la ferme. — Livre de caisse de la fermière.

Chaque registre se vend séparément. . . . . 2. »

DUBOST. — **Les Entreprises de culture et la comptabilité.** 1 vol. in-18 de 260 pages. . . . . 3. »

F.*** P.***. — **Des Réunions territoriales**, étude sur le morcellement en Lorraine. In-8° de 48 pages. . . . . ».75

FÉLIZET (Ch.-L.). — **Le Petit Berquin agricole**, ou dialogues ruraux entre un fermier, sa famille, ses serviteurs divers et quelques amis spéciaux. 1 vol. in-18 de 416 pages et 12 pl. . . 2.50

FONTENAY (L. de). — **Voyage agricole en Russie.** 1 vol. in-18 de 570 pages. 3.50

GASPARIN (comte de). — **Cours d'agriculture, tome V** : assolements, systèmes de cultures, organisation et administration de l'entreprise agricole etc. (voir page 3).

— **Fermage**, guide des propriétaires des biens affermés (estimation, baux, etc.) (*Bibl. du Cultiv.*) In-18 de 216 pages 1.25

— **Métayage**, contrat, effets, améliorations, culture des métairies (*Bibl. du Cultiv.*). In-18 de 164 pages 1.25

GÉNAY (Paul). — **Sept années d'agriculture pratique en Lorraine**, mémoire pour le concours de la prime d'honneur en 1877. 1 vol. grand in-8° de 72 pages. . . . . 1. »

GIOT (P.). — **Mémoire sur un projet de ferme-modèle.** Grand in-8° de 20 pages avec plan. 1.25

GIRARDIN. — **Mélanges d'agriculture.** 2 vol. in-18, 1094 p. 5. »

GRANDEAU. — **Annales de la station agronomique de l'Est**, chimie et physiologie appliquées à la sylviculture. 1 vol. grand in-8° de 414 pages. . . . . 9. »

GUILLON. — **Vade-mecum de l'agriculteur provençal.** 2me édit. In-16 de 136 pages. . . . . 2. »

HAVRINCOURT (marquis d'). — **Notice sur le domaine d'Havrincourt.** 1 vol. in-8° de 200 pages, 31 grav. 2 plans coloriés. . 15. »

HEUZÉ (Gustave). — **Assolements et systèmes de culture.** 1 vol. in-8° de 536 pages avec nombreuses gravures. . . . 9. »

— **L'Agriculture de l'Italie septentrionale.** 1 vol. in-8° de 414 pages et 22 gravures. . . . . 5. »

— **Influence des croisades sur l'agriculture au moyen-âge.** Broch. in-8° de 23 pages. . . . . ».50

JOIGNEAUX (P.). — **Causeries sur l'agriculture et l'horticulture,** 2me édit. 1 vol. in-18 de 403 pages et 27 grav. . 3.50

— **Les Chroniques de l'agriculture et de l'horticulture** (années 1867-1868-1869) publiées sous la direction de P. Joigneaux. 3 vol. in-4° ensemble de 864 pages. . . . . 10. »

KERGORLAY (de). — **Exploitation agricole de Canisy.** Broch. grand in-8° de 24 pages et 52 grav. . . . . 1. »

LAVAUX (S.). — **L'Inséparable du négociant en grains,** et graines, du minotier et de l'agriculteur, barême relatif aux grains, farines, etc. 1 vol. relié de 164 pag. ou tableaux. 5. »

LAVERGNE (de). — **Économie rurale de la France depuis 1789.** 4e édition. 1 vol. in-18 de 490 pages. 3.50

— **Essai sur l'économie rurale de l'Angleterre, de l'Écosse et de l'Irlande.** 5e édition, avec un portrait de l'auteur. 1 vol. in-8° de 474 pages. 8.50

— **L'Agriculture et la Population.** 1 vol. in-18 de 472 pages. 3.50

— **L'Agriculture et l'Enquête.** Grand in-8° de 48 pages. . 1. »

LECOUTEUX (Ed.). — **Cours d'économie rurale.**

Tome Ier. La situation économique : les richesses sociales, la population, la propriété, la terre, le capital, l'État, le régime agricole, industriel et commercial.

Tome II. Constitution des entreprises agricoles. L'entrepreneur, le domaine, les forces motrices, le travail, le bétail, les engrais, le capital d'exploitation, les systèmes de culture. Les entreprises de culture intensive et extensive, les défrichements de landes, les entreprises viticoles ; administration et comptabilité de l'entreprise.

Deux vol. in-18 ensemble de 984 pages. . . . . 7. »

— **Principes de la culture améliorante.** 1 vol. in-18 de 432 pages. 3.50

— **La Question du blé et le gouvernement** (1859). In-8° de 32 pages. 1. »

— **La République et les Campagnes** (1871). In-8° de 70 p. 1. »

LEFOUR. — **Comptabilité et géométrie agricoles** (*Bibl. du Cultiv.*). In-18 de 214 pages et 104 grav. 1.25

LÉOUZON. — **Réforme de l'enseignement agricole** (1863). In-8° de 27 pages. . . . . 1.

LULLIN DE CHATEAUVIEUX. — **Voyages agronomiques en France.** 2 vol. in-8°, ensemble de 1,032 pages. . . . . 12.

LURIEU (de) ET ROMAND. — **Études sur les colonies agricoles** de mendiants, jeunes détenus, orphelins et enfants trouvés (Hollande, Suisse, Belgique et France). 1 vol. in-8° de 462 pages. 7.

MARCHAND (Eugène). — **Notice sur les aménagements agricoles,** exécutés en Normandie aux fermes de Lisors et d'Amfreville-sur-Iton. Grand in-8° de 40 pages et 17 figures. 1.

MÉHEUST. — **Économie rurale de la Bretagne.** In-18 de 220 p. 2.

NOAILLES, DUC D'AYEN (J. de). — **L'Agriculture et l'industrie devant la législation douanière** (1881). Broch in-8° de 80 pages . . . . 1.

PERRET. — **L'Agriculture et l'Enseignement primaire** (1868). In-8° de 28 pages. . . . . D.

PERRIN DE GRANDPRÉ. — **Crédit agricole et Caisses d'épargne.** In-8° de 48 pages . . . . 1.

PICHAT et CASANOVA. — **Examen de la question agricole en Dombes.** In-8° de 72 pages avec tableaux. . . . . . . 1.

RIONDET. — **Agriculture de la France méridionale,** ce qu'elle a été, ce qu'elle est, et pourrait être. In-18 de 384 p. 3.

ROBERT (Gustave). — **Économie rurale du pays de Bray,** industrie laitière, beurre de Gournay, fromages de Neufchâtel, brochure grand in-8° de 34 pages ou tableaux et 2 gravures. . . . . 1.

RONDEAU. — **Projet de crédit agricole.** 1 vol. in-8° de 236 pages. 2.

SAINT-AIGNAN (de). — **La Crise agricole,** prise de loin et vue de haut (1867). In-8° de 32 pages. . . . . 1.

SAINT-MARTIN. — **Le Crédit agricole.** In-8° de 40 pages . . . 2.

—— **De la Mendicité et des dépôts de mendicité.** In-8° de 93 pages. . . . . 3.

SAINTOIN-LEROY. — **Cours complet de comptabilité agricole.**

1° *Manuel de comptabilité agricole pratique*, en partie simple et en partie double, troisième édition, avec modèle des écritures d'une exploitation rurale pour une année entière. 1 vol. gr. in-8° et tableaux de 192 p. 8

2° *Comptabilité-matières de l'agriculteur*, Complément du *Manuel de comptabilité agricole pratique*, suivie du *Livre du travail*, et d'une *Méthode abrégée de tenue des livres agricoles en partie simple.* 1 vol. gr. in-8° de 144 pages avec nombreux tableaux. 4

3° *Comptabilité simplifiée, agricole et commerciale*, mise à la portée de la moyenne et de la petite culture, suivie de la *Comptabilité spéciale des marchands et des artisans*, à l'usage des écoles primaires de garçons et de filles. 1 vol. gr. in-8° et tableaux, de 96 pages . . . . 2.

4° *Pratique de la tenue des livres en agriculture*; l'économie rurale et la comptabilité. 1 vol. grand in-8° de 156 pages et tableaux. . . . . . 3. »

Registres pour la grande et la moyenne culture.

Registre-Mémorial de l'agriculteur (comptabilité-matières), réunion de tous les tableaux nécessaires à la constatation de tous les faits d'une exploitation rurale. 1 vol. gr. in 4° oblong. . . . . 3. »

Livre de caisse (comptabilité-espèces), registre en tableaux. Gr. in-4° obl. 2.50

Journal, registre en blanc réglé et folioté. 1 vol. gr. in-4° oblong . . . 2.50

Grand-Livre, registre en blanc réglé et folioté. 1 vol. gr. in-4° oblong. 3. »

Cahier simplement quadrillé. 1 vol. petit in-4° oblong. 1.25

Comptabilité de la petite culture à l'aide d'un seul livre dit Mémorial-caisse, à l'usage de l'enseignement élémentaire de la comptabilité agricole dans les écoles primaires. In-4° oblong 1.25

Registres pour la comptabilité simplifiée.

Registre unique du cultivateur pour l'application de la comptabilité simplifiée. 1 vol. petit in-4° oblong, de 100 pages. . . . . 2. »

Le même, moins fort, pour les écoles . . . . » 60

Livre de caisse des marchands. 1 vol. petit in-4° oblong . . . . 2. »

Livre de caisse des artisans. 1 vol. petit in-4° oblong . . . . 2. »

Chaque volume ou registre se vend séparément.

SCHWERZ. — **Manuel de l'agriculteur commençant** (*Bibl. du Cult.*) traduit par Villeroy. In-18 de 332 pages. 1.25

TOURDONNET (Cte de). — **Traité pratique du métayage.** 1 vol. in-18 de 372 pages. 3.50

TUROT (Paul). — **L'Enquête agricole de 1866-1870 résumée,** ouvrage honoré d'une médaille d'or par la société nationale d'agriculture. 1 vol. grand in-8° de 520 pages. . . 8. »

VIII. — BOTANIQUE — HORTICULTURE

Maison rustique du XIXe siècle, tome V (*voir page* 2).

Almanach du jardinier, par les rédacteurs de la Maison rustique. 192 pages in-32 et nombreuses grav . . . . . . ».50

Le Bon Jardinier (126e *édition*), almanach horticole pour 1880, par Poiteau, Vilmorin, Bailly, Decaisne, Naudin, etc.,

Principes généraux de culture. — Calendrier du jardinier ou indication, mois par mois, des travaux à faire dans les jardins. — Description, histoire et culture des plantes potagères, fourragères, économiques. — Céréales. — Arbres fruitiers. — Oignons et plantes à fleurs. — Arbres, arbrisseaux et arbustes utiles et d'agrément. — Vocabulaire des termes de jardinage et de botanique. — Jardin des plantes médicinales. — Tableau des végétaux groupés d'après la place qu'ils doivent occuper dans les parterres, bosquets, etc.

(La 1re édition du *Bon Jardinier* est antérieure à 1755 : une édition nouvelle a été publiée régulièrement chaque année depuis 1755, à deux exceptions près : 1815 et 1871.

Cet ouvrage a été couronné par la Société centrale d'horticulture.

Un vol. in-18 de plus de 1600 pages. . . . . 7. »

Gravures du Bon Jardinier. 23e édition, contenant :

Principes de la botanique. — Marcottes, boutures, greffe et taille des arbres. — Appareils de la culture forcée. — Construction et chauffage des serres. — Outils et appareils de jardinage. — Composition et ornementation des jardins.

Un volume in-18 de plus de 600 pages avec plus de 700 planches ou gravures. . . . . 7. »

ANDRÉ (Ed.). — **Plantes de terre de bruyère**, description, histoire et culture des Rhododendrons, Azalées, Camellias, Bruyères, Epacris, etc. 1 vol. in-18 de 388 pages et 31 grav. 3.50

AUDOT. — **Traité de la composition et de l'ornementation des jardins.** 6e éd. représentant en plus de 600 fig. des plans de jardins, modèles de décoration, machines pour élever les eaux, etc. 2 vol. in-4° oblong avec 168 planches gravées. 25. »

BENGY-PUYVALLÉE. — **Culture du pêcher.** 1 vol. in-18 de 230 pages et 3 planches 3.50

BONCENNE. — **Cours élémentaire d'horticulture** (*Bibl. des écoles primaires*). 2 vol. in-12, ensemble de 310 pages et 85 grav . . . 1.50

BOSSIN. — **Les Plantes bulbeuses**, espèces, races et variétés avec l'indication des procédés de culture (*Bibl. du Jard.*). 2 vol. in-18 ensemble de 324 pages. 2 50

CARRIÈRE. — **Guide pratique du jardinier multiplicateur**, ou art de propager les végétaux par semis, boutures, greffes, etc. 2e éd. 1 vol. in-18 de 410 pages et 85 grav. 3.50

— **Encyclopédie horticole.** 1 vol. in-18 de 550 pages . . 3.50

— **Entretiens familiers sur l'horticulture.** 1 vol. in-18 de 384 pages. 3.50

— **Semis et mise à fruit des arbres fruitiers.** 1 vol. in-18 de 158 pages. . . . . 2. »

— **Les Pépinières** (*Bibl. du Jard.*). In-18 de 134 p. et 29 grav. 1.25

— **Production et fixation des variétés dans les végétaux.** 1 vol. in-8°, de 72 pages avec 13 grav. et 2 pl. col. . 2. »

— **Les Arbres et la Civilisation.** In-8° de 416 pages. . . . 5. »

— **Variétés de pêchers et de brugnonniers**, description et classification. Grand in-8° de 104 pages et 1 planche. . . . 2. »

— **Nomenclature des pêches et brugnons.** Petit in-8°, 68 pages . . . . 1. »

— **Origine des plantes domestiques**, démontrée par la culture du radis sauvage. In-8° de 24 pages et 11 grav. . . . . 1. »

CHABAUD. — **Végétaux exotiques cultivés en plein air dans la région des orangers.** Gr. in-8° de 48 pages. . 1. »

COURTOIS. — **Conférence sur l'arboriculture fruitière des jardins.** In-8° de 64 pages et 14 gr. . . . . 2. »

DANZANVILLIERS. — **Les Gesnériacées**, culture et multiplication. In-18 de 84 pages. . . . . 1. »

DECAISNE ET NAUDIN. — **Manuel de l'amateur des jardins**, traité général d'horticulture. 4 vol. petit in-8° ensemble de plus de 3000 pages, comprenant plus de 800 fig. . . . . . . 30. »

Chaque volume se vend séparément 7.50

DELCHEVALERIE. — **Les Orchidées**, culture, propagation, nomenclature (*Bibl. du Jard.*). In-18 de 134 pages et 32 grav. . . 1.25

— **Plantes de serre chaude et tempérée**; Construction des serres, culture, multiplication, etc. (*Bibl. du Jard.*). In-18 de 156 pages et 9 grav. 1.25

DUPUIS. — **Arbrisseaux et Arbustes d'ornement de pleine terre** (*Bibl. du Jard.*). In-18 de 122 pages et 25 grav. . . . 1.25

— **Arbres d'ornement de pleine terre** (*Bibl. du Jard.*). In-18 de 162 pages et 40 grav. 1.25

— **Conifères de pleine terre** (*Bibl. du Jard.*). In-18 de 156 pages et 47 grav. 1.25

DUVILLERS. — **Parcs et Jardins**, ouvrage honoré des souscriptions du ministère de l'agriculture, et de plusieurs souverains étrangers, récompensé de 21 médailles ou diplômes, 2 vol. grand in-folio, sur beau papier ensemble de 160 pag. de texte avec 80 planches imprimées avec luxe représentant les plans de squares et jardins publics, de parcs particuliers, jardins paysagistes, fruitiers, potagers, écoles pratiques de drainage et de botanique, etc.

Avec planches noires . . . . 200. »

Avec planches coloriées . . . . 260. »

Chaque partie, comprenant 80 pages de texte et 40 planches se vend séparément :

En noir, 100 fr. — En couleur, 130 fr.

ÉCORCHARD (Dr). — **Nouvelle Théorie élémentaire de la botanique**, suivie d'une analyse des familles des plantes qui croissent en France ou qui y sont généralement cultivées et d'un dictionnaire des termes de botanique. 1 vol. in-18 de 520 pages et 210 gr. . . . . 6. »

— **Flore régionale**, des plantes qui croissent spontanément ou sont généralement cultivées en pleine terre dans les environs de Paris et les départements maritimes du Nord-Ouest et du Sud-Ouest de la France. 1 vol. in-18 de 900 pages. . . 12. »

GAUDRY. — **Cours pratique d'arboriculture**. 1 vol. in-12 de 304 pages et 16 planches. 2.25

HARDY. — **Taille et greffe des arbres fruitiers**. 7e éd. 1 vol. in-8° de 436 pages et 140 grav. 5.50

HÉRINCQ, JACQUES ET DUCHARTRE. — **Manuel général des plantes, arbres et arbustes**, classés selon la méthode de Candolle; description et culture de 25000 plantes indigènes d'Europe ou cultivées dans les serres. 4 vol. grand in-18 jésus à 2 colonnes, ensemble de 3200 pages. . . . . 36. »

Chaque volume se vend séparément . . . . 9. »

JOIGNEAUX. — **Le Jardin potager.** 1 vol. in-18 de 442 pages, illustré de 92 dessins en couleur intercalés dans le texte . . . 6. »

— **Causeries sur l'agriculture et l'horticulture.** 2e éd. 1 vol. in-18 de 403 pages et 27 grav. 3.50

— **Conférences sur le jardinage et la culture des arbres fruitiers** (*Bibl. du Jard.*). In-18 de 144 pages . . . 1.25

— **Traité des graines** de la grande et de la petite culture. (*Bibl. du Cult.*) In-18 de 168 pages 1.25

LACHAUME. — **Les Poiriers, Pommiers et autres arbres fruitiers**, méthode élémentaire pour les tailler et les conduire. 1 vol. in-18 de 284 pages et 46 grav. 2.50

— **Les Pêchers en espaliers**, méthode élémentaire pour les tailler et les conduire. 1 vol. in-18 de 212 pages et 40 figures . . . . 2. »

— **Le Rosier**, culture et multiplication (*Bibl. du Jard.*). In-18 de 180 p. et 34 grav. 1.25

— **Le Champignon de couche**, sa culture bourgeoise et commerciale, récolte et conservation (*Bibl. du Jard.*). In-18 de 108 pages et 8 grav. 1.25

LEBOIS. — **Culture du chrysanthème.** In-18 de 36 pages. . . ».75

LEMAIRE. — **Les Cactées**, histoire, patrie, organes de végétation, culture, etc. (*Bibl. du Jard.*). In-18 de 140 pages et 11 grav. 1.25

— **Plantes grasses autres que Cactées** (*Bibl. du Jard.*). In-18 de 136 pages et 13 grav. 1.25

LE MAOUT ET DECAISNE. — **Flore élémentaire des jardins et des champs**, avec les clefs analytiques conduisant promptement à la détermination des familles et des genres et un vocabulaire des termes techniques. 2 vol. gr. in-18 de 940 pages 9. »

LOISEL. — **Asperge**, culture naturelle et artificielle (*Bibl. du Jard.*). In-18 de 108 pages et 8 grav. 1.25

— **Melon**, nouvelle méthode de le cultiver sous cloches, sur buttes et sur couches (*Bibl. du Jard.*). In-18 de 108 pages et 7 grav. 1.25

NAUDIN. — **Le Potager**, jardin du cultivateur (*Bibl. du Jard.*). In-18 de 180 pages et 34 grav. 1.25

— **Serres et Orangeries de plein air.** In-8° de 32 pages. ».75

NOISETTE.—**Manuel complet du jardinier** (1860). 5 vol. in-8° ensemble de 2500 pages et 25 planches. . . . . 25. »

PAILLIEUX ET BOIS. — **Nouveaux Légumes d'hiver,** expériences d'étiolement pratiquées en chambre obscure sur 100 plantes bisannuelles ou vivaces, spontanées ou cultivées. 1 vol. in-18 de 128 pages. . . . . 1. »

PONCE (J.). — **La Culture maraîchère pratique des environs de Paris.** 1 vol. in-18 de 320 pages et 15 pl. . . 2.50

PRÉCLAIRE. — **Traité théorique et pratique d'arboriculture.** 1 vol. in-8° de 182 pages et un atlas in-4° de 15 planches. 5. »

PUVIS. — **Arbres fruitiers,** taille et mise à fruit (*Bibl. du Jard.*). In-18 de 168 pages 1.25

RAFARIN. — **Traité du chauffage des serres.** 1 vol. in-8° de 76 pages et 25 grav. 3.50

REMY (Jules). — **Champignons et Truffes.** 1 vol. in-18 de 174 pages et 12 planches coloriées. 3.50

ROQUES (J.). — **Traité des plantes usuelles,** spécialement appliqué à la médecine domestique et au régime alimentaire (1837). 4 vol. in-8° de plus de 200 pages. . . . . 16. »

THORY. — **Monographie du genre groseillier** (1829). 1 vol. in-8° de 152 pages et 24 planches coloriées . . . . 6. »

VIALON (P.). — **Le Maraîcher bourgeois.** (*Bibl. du jardinier*) In-18 de 128 pages. 1.25

VILMORIN-ANDRIEUX. — **Les Fleurs de pleine terre,** comprenant la description et la culture des fleurs annuelles, vivaces et bulbeuses de pleine terre, suivies de classements divers indiquant l'emploi de ces plantes et l'époque de leur floraison, et de plans de jardins, 3e édition. 1 fort vol. petit in-8° de 1600 pages et 1300 figures. . . . . 12. »

IX. — EAUX ET FORÊTS. — CHASSE ET PÊCHE

Maison rustique du XIXe siècle, tome IV (*voir page* 2).

ANDRÉ (Éd.). — **Eucalyptus globulus.** In-8° 16 pag. et 2 gr. 1.

ARBOIS DE JUBAINVILLE (d'). — **Règlement du balivage** dans une forêt particulière. In-8° de 64 pages . . . . 2. »

—— **Observations sur la vente des forêts de l'État** (1865). Br. in-8° de 12 pages. . . . . ».50

BORTIER (P.). — **Boisement du littoral et des dunes de la Flandre.** Broch. gr. in-8° de 24 pages et 3 planches. . 2. »

BOUCHON-BRANDELY. — **Traité de pisciculture pratique et d'aquiculture en France et dans les pays voisins**, ouvrage publié avec l'encouragement du ministère de l'agriculture. 1 beau vol. grand in-8° de 500 pages avec 40 gravures et 20 planches hors texte. . . . . 20. »

BOURQUIN. — **La Pêche et la Chasse dans l'antiquité**; poëme des halieutiques et des cynégétiques par Oppien de Syrie, traduction par Bourquin. 1 vol. in-8° de 248 pages. . 5. »

BURGER. — **Du Déboisement des campagnes**, dans ses rapports avec la disparition des oiseaux utiles à l'agriculture. Broch. in-8° de 64 pages. . . . . 1. »

— **Assèchement du sol par les essences forestières.** Broch. in-8°. 1.50

COURVAL (vicomte de). — **Taille et conduite des arbres forestiers.** Grand in-8° de 110 pages et 15 planches. . . 3. »

GRANDEAU. — **Chimie et physiologie appliquées à la sylviculture** (annales de la station agronomique de l'Est, travaux de 1868 à 1878). 1 vol. grand in-8° de 414 pages. . 9. »

GURNAUD. — **Conserver les forêts de l'État et réaliser le matériel surabondant**, études forestières (1865). In-8° de 64 pages . . . . 2. »

— **Les Bois de l'État et la dette publique.** In-8° de 16 p. ».75

LA BLANCHÈRE (de). — **Les Chiens de chasse**, races françaises et anglaises, chenils, élevage et dressage, maladies (traitement allopathique et homœopathique). 1 beau vol. gr. in-8° de 300 pages et 53 grav. (dessins par Ol. de Penne.) . 6. »

Le même, avec 8 planches coloriées . . . . 8. »

LEVAVASSEUR. — **Traité pratique du boisement et reboisement** des montagnes, landes et terrains incultes. In-8° de 56 pages. 1.25

MARTINET. — **Considérations et recherches sur l'élagage des essences forestières.** 1 vol. in-12 de 180 pages et 41 figures. 1.50

MORANGE (Amédée). — **Le Guide de l'élagueur dans les parcs et les forêts.** In-18 de 144 pages et 20 fig. . . . 2. »

MOULS (L'abbé). — **Les Huîtres.** Broch. in-18 de 100 pages. . . . 1.25

RIBBE (de). — **Incendies de forêts** en Provence, leurs causes, leur histoire, moyens d'y remédier (1869). In-8° de 140 pages. 3. »

— **Réponse à l'enquête sur les incendies des forêts** des Maures (1869). In-8° de 92 pages. . . . . 2. »

ROUSSET. — **Études de maître Pierre sur l'agriculture et les forêts.** 1 vol. in-18 de 92 pages. . . . . 1. »

THOMAS. — **Traité général de la culture et de l'exploitation des bois.** 2 vol. in-8°, ensemble de 1,076 pages. . . 10. »

VAULOT. — **Nouvelle Méthode d'exploitation des futaies.** Broch. in-8° de 26 pages ou tableaux avec un plan. . . . . 1.

— **Tarifs homogènes pour le cubage des bois** sur pied, en grume, et au 1/5 déduit. 2me édit. Broch. in-8° de 44 pages. . . . . 1. »

X. — ÉCONOMIE DOMESTIQUE. — CUISINE

AUDOT (L.-E.). — **La Cuisinière de la campagne et de la ville.** 1 vol. in-12 de 676 pages avec 300 grav. . . . . 3. »

DELAGARDE. — **Le Pain moins cher et plus nourrissant.** 1 vol. in-18 de 262 pages . . . . 3. »

EMION (Victor). — **La Taxe du pain,** avec préface par Victor Borie (1868). In-8° de 168 pages. . . . . 4. »

LECLERC. — **La Caisse d'épargne et de prévoyance**, lettres à un jeune laboureur. In-18 de 60 pages . . . . ».25

MILLET-ROBINET (Mme). — **Maison rustique des dames,** 11e éd. revue et augmentée. 2 vol. in-18 ensemble de 1400 pages et 239 grav. broché 7.75

Tenue du ménage.

Devoirs et travaux de la maîtresse de maison.
Des domestiques. — De l'ordre à établir.
Comptabilité. — Recettes et dépenses.
La maison et son mobilier.
Chauffage. — Éclairage.
Cave et vins. — Boulangerie et pain.
Provisions du ménage. — Conserves.

Manuel de cuisine.

Manière d'ordonner un repas.
Potages. — Jus, sauces, garnitures.
Viandes. — Gibier. — Poisson.
Légumes. — Purées. — Pâtes.
Entremets. — Pâtisserie. — Bonbons.

Médecine domestique.

Pharmacie. — Médicaments.
Hygiène et maladies des enfants.
Médecine et chirurgie.
Empoisonnements. — Asphyxie.

Jardin. — Ferme.

Disposition générale du jardin.
Jardin fruitier, potager, fleuriste.
Calendrier horticole.
La ferme et son mobilier.
Nourriture. — Éclairage.
Basse-cour. — Abeilles et vers à soie.
Vacherie. — Laiterie et fromagerie.
Bergerie. — Porcherie.

Relié, 10 fr. 75. — Relié, tranches dorées, 12 fr. 75.

— **Économie domestique** (*Bibl. du Cultiv.*). In-18 de 228 pages et 77 grav 1.25

POUPON. — **L'Art de ramener la vie à bon marché,** et de créer des richesses incalculables. 1 vol. in-8° de 254 pages . . . . 5. »

ENSEIGNEMENT PRIMAIRE AGRICOLE

Agriculture (*Petite école d'*) par P. Joigneaux. 1 vol. in-18 de 124 pages et 42 grav. cartonné toile 1.25

Agriculture (*Traité élémentaire et pratique d'*) par Laurençon. 2 vol. in-12 de 248 pages et 44 grav. 1.50

Alphabet et syllabaire, par Edm. Douay. In-12 de 64 pages et 25 grav. . . . . ».75

Arithmétique agricole, par Lefour. In-12 de 128 pages. . . . ».75

Devoirs de l'homme envers les animaux, par J. Chalot. In-12 de 128 pages . . . . ».75

École des engrais chimiques, premières notions des agents de la fertilité, par Georges Ville. In-18 de 108 pages. . . . . 1. »

Histoire du grand Jacquet, métayer, par Méplain et Taisy. In-12, 144 pages. . . . . ».75

Horticulture (*Cours élémentaire*), par Boncenne. 2 vol. in-12 ensemble de 310 pages et 85 gravures. 1.50

Les Jeudis de M. Dulaurier, cours élémentaire d'agriculture par V. Borie. 2 vol. in-18.

1re *année*: 108 pages et 16 grav. . . . . » 75

2e *année* : 108 pages et 51 grav. . . . . » 75

Lectures et dictées d'agriculture, par G. Heuzé. In-12, 128 pages. . . . . ».75

Lectures choisies pour la campagne, par Halphen. In-18, 106 pages . . . . ».50

Loisirs d'un instituteur, par Vidal. In-12, 128 pages. . . . ».75

Petit questionnaire agricole à l'usage des écoles primaires des pays de pâturage, par Ed. Teisserenc de Bort. 1 vol. in-18 de 192 pages et 16 gravures, cartonné toile à l'anglaise 1.25

Petits entretiens sur la vie des champs, par P. Joigneaux. In-18 de 112 pages avec grav., cartonné. . . . . ».60

300 problèmes agricoles, par Lefour. In-18, 36 pages. . . . ».50

Six tableaux muraux pour l'enseignement agricole. Outils de main-d'œuvre : — Instruments d'extérieur de ferme ; — Instruments d'intérieur de ferme ; — Plantes fourragères ; — Arbres fruitiers et forestiers ; — Animaux domestiques. 1.50

Chaque tableau se vend séparément. . . . . ».30

BIBLIOTHÈQUE AGRICOLE ET HORTICOLE

40 VOLUMES A 3 FR. 50

A. B. C. de l'agriculture pratique et chimique, par Perny de M***. 4e éd. 360 pages.

Agriculture et la population (l'), par L. de Lavergne. 472 pag.

Agriculture de la France méridionale, par Riondet. 484 pag.

Alimentation rationnelle des animaux domestiques (Étude de l'), par Wolf, traduit de l'allemand par Damseaux. In-18 de 380 pages ou tableaux.

Berquin agricole (le Petit) ou dialogues ruraux entre un fermier, sa famille, ses serviteurs divers et quelques amis spéciaux, par L. Félizet. In-18 de 416 pages et 12 pl.

Bêtes à laine (Manuel de l'éleveur de), par Villeroy. 336 p., 54 grav.

Causeries sur l'agriculture et l'horticulture, par P. Joigneaux. 403 pages, 27 grav.

Champignons et Truffes, par J. Remy. 174 pages, 12 pl. coloriées.

Connaissance pratique du cheval, traité d'hippologie, à l'usage des sportsmen, officiers de cavalerie, vétérinaires, marchands de chevaux, éleveurs, cultivateurs, etc., par A. A. Vial. 1 vol. in-18 de 372 pages et 72 figures.

Culture améliorante (Principes de la), par Ed. Lecouteux. In-18 de 432 pages.

Douze mois (les), Calendrier agricole, par V. Borie. 380 p., 80 gr.

Économie rurale (Cours d'), par Ed. Lecouteux. 2 vol. de 984 pag.

Tome Ier : La situation économique.
— II : Constitution des entreprises agricoles.

(Ces deux volumes ne se vendent pas séparément.)

Économie rurale de la France depuis 1789, par L. de Lavergne. 490 pages.

Encyclopédie horticole, par Carrière. 550 pages.

Engrais chimiques, par Georges Ville. Entretiens de 1867, 6e édit. 1 vol. in-18 de 412 pages, 4 grav. et 2 planches.

Entretiens familiers sur l'horticulture, par Carrière. In-18 de 384 pages.

Irrigations (Manuel des), par Muller et Villeroy. 263 p. et 123 grav.

Jardinier multiplicateur (Guide pratique du), par Carrière. 410 pages, 85 grav.

Leçons élémentaires d'agriculture, par Masure. 2 vol.

Tome Ier : Les plantes de grande culture, leur organisation et leur alimentation, 330 pages, 32 grav.

— II : Vie aérienne et vie souterraine des plantes de grande culture, 477 pages, 20 grav.

Maladies du cheval (Traité des), par Bénion. In-18 de 340 pages et 25 gr.

Métayage (Traité pratique du), par le Comte de Tourdonnet. 1 vol. in-18 de 372 pages.

Météorologie et physique agricoles, par Marié Davy. 400 pag., 53 grav.

Mouches et Vers, par Eug. Gayot. 248 pages, 33 grav.

Mouton (le), par Lefour. 392 pages, 76 grav.

Pêcher (Culture du), par Bengy-Puyvallée. 230 pages et 3 planches.

Plantes de terre de bruyère, par Ed. André. 388 p., 31 grav.

Porc (le), par Gustave Heuzé. 2e éd. 322 pages et 50 grav.

Poulailler (le), par Ch. Jacque. 360 pages et 117 grav.

Races canines (les), par Bénion. 260 pages et 12 grav.

Sportsman (Guide du), par Eug. Gayot. 376 pages et 12 grav.

Vers à soie (Conseils aux nouveaux éducateurs), par de Boullenois. 3me édit., in-8° de 248 pages.

Vigne (Culture de la) **et vinification**, par J. Guyot. 2e éd. 426 pages, 30 grav.

Vin (le), par de Vergnette-Lamotte. 402 pages, 31 grav. noires et 3 planches coloriées.

Voyage agricole en Russie, par L. de Fontenay. 1 vol. in-18 de 570 p.

Zootechnie (Traité de) ou Économie du bétail, par A. Sanson. 2e éd. 5 v. ensemble de 2016 pages et 236 gravures.

1re partie. Zoologie et zootechnie générales.	Tome Ier. Organisation, fonctions physiologiques et hygiène des animaux domestiques agricoles. — II. Lois naturelles et méthodes zootechniques.
2e partie. Zoologie et zootechnie spéciales.	— III. Chevaux, ânes, mulets. — IV. Bœufs et buffles. — V. Moutons, chèvres, et porcs.

BIBLIOTHÈQUE DU CULTIVATEUR

35 VOLUMES IN-18 A 1 FR. 25

Agriculteur commençant (Manuel de l'), par Schwerz. 332 p.

Animaux domestiques, par Lefour, 154 pages et 33 gravures.

Basse-cour, Pigeons et Lapins, par Mme Millet-Robinet. 5me édition. 180 pages, 26 grav.

Bêtes à cornes (Manuel de l'éleveur de), par Villeroy. 308 p. et 65 gr.

Calendrier du métayer, par Damourette. 180 pages.

Champs et les Prés (les), par Joigneaux. 154 pages.

Cheval (Achat du), par Gayot. 180 pages et 25 grav.

Cheval, Ane et Mulet, par Lefour. 180 pages et 136 grav.

Cheval percheron, par du Hays. 176 pages.

Chèvre (la), par Huard du Plessis. 164 pages et 42 grav.

Chimie du sol, par le Dr Sacc. 148 pages.

Chimie des végétaux, par le Dr Sacc. 220 pages.

Chimie des animaux, par le Dr Sacc. 154 pages.

Comptabilité et géométrie agricoles, par Lefour. 214 pages et 104 grav.

Comptabilité de la ferme, par Dubost et Pacout. 124 pages.

Culture générale et instruments aratoires, par Lefour. 174 pages et 135 grav.

Économie domestique, par Mme Millet-Robinet. 228 p. et 77 gr.

Engrais chimiques (Pratique des), par L. Mussa. 144 pages.

Engraissement du bœuf, par Vial. 180 pages et 12 grav.

Fermage (estimation, baux, etc.), par de Gasparin. 3e éd. 216 pages.

Graines de la grande et de la petite culture (Traité des), par P. Joigneaux 168 pages.

Irrigations (Pratique des), par Vidalin. 180 pages, 22 grav.

Lapins, lièvres et léporides, par Eug. Gayot. 180 pages et 15 gravures.

Médecine vétérinaire (Notions usuelles de), par Sanson. 174 pages et 13 grav.

Métayage, par de Gasparin. 2e édition. 164 pages.

Moutons (les), par A. Sanson. 168 pages et 56 grav.

Noyer (le), sa culture, par Huard du Plessis. 175 pages et 45 grav.

Pigeons, Dindons, Oies et Canards, par Pelletan. 180 p. et 20 gr.

Plantes oléagineuses (les), par G. Heuzé. 180 pages et 30 grav.
Porcherie (Manuel de la), par L. Léouzon. 168 pages et 38 grav.
Poules et Œufs, par E. Gayot. 216 pages et 40 grav.
Races bovines, par Dampierre. 2e édit. 192 pages et 28 grav.
Sol et Engrais, par Lefour. 176 pages et 54 grav.
Travaux des champs, par Victor Borie. 188 pages et 121 grav.
Vaches laitières (Choix des), par Magne. 144 pages et 39 grav.

BIBLIOTHÈQUE DU JARDINIER

18 VOLUMES IN-18 A 1 FR. 25

Arbres fruitiers. Taille et mise à fruit, par Puvis. 167 pages.
Arbres d'ornement de pleine terre, par Dupuis. 162 p., 40 gr.
Arbrisseaux et Arbustes d'ornement de pleine terre, par Dupuis. 122 pages et 25 grav.
Asperge. Culture, par Loisel. 108 pages et 8 grav.
Cactées, par Ch. Lemaire. 140 pages, 11 grav.
Champignon de couche (le), par J. Lachaume. 108 pages et 7 grav.
Conférences sur le jardinage et la culture des arbres fruitiers, par Joigneaux. 144 pages.
Conifères de pleine terre, par Dupuis. 156 pages et 47 grav.
Maraîcher bourgeois (le), par P. Vialon. 128 pages.
Melon, Nouvelle méthode de le cultiver, par Loisel. 108 pag. et 7 gr.
Orchidées (les), par Delchevalerie. 184 pages, 32 grav.
Pépinières (les), par Carrière. 184 pages et 29 grav.
Plantes bulbeuses, espèces, races et variétés, par Bossin. 2 vol. ensemble de 324 pages.
Plantes grasses autres que Cactées, par Ch. Lemaire. 136 p., 13 gr.,
Plantes de serre chaude et tempérée, par Delchevalerie. 156 pages, 9 grav.
Potager (le), jardin du cultivateur, par Naudin. 180 pag., 34 grav.
Rosier (le), par Lachaume. 180 pages et 34 grav.

TABLE ALPHABÉTIQUE DES NOMS D'AUTEURS

AVIS IMPORTANT

La Librairie agricole, ne pouvant ouvrir un compte à toutes les personnes qui s'adressent à elle, est forcée de n'exécuter que les commandes accompagnées de leur paiement.

Toute commande de livres doit donc être accompagnée du montant de sa valeur et des **frais de port** quand l'envoi doit être expédié par la poste. Ajouter pour ces frais de port 0 fr. 25 au montant de toute commande inférieure à 2 fr. 50, et 10 % du montant de la commande au dessus de 2 fr. 50.

Nos clients peuvent payer leurs commandes par l'envoi de billets de banque, mandats-poste dont le talon sert de quittance, chèques ou mandats sur Paris, à l'ordre du *Directeur de la Librairie agricole de la Maison rustique*. (Les petites sommes ou les appoints peuvent être envoyés en timbres-poste.)

Conditions spéciales offertes aux abonnés

du *Journal d'Agriculture pratique* et de la *Revue horticole*.

Les abonnés du *Journal d'Agriculture pratique* et de la *Revue horticole*, ont droit à une remise de 10 % sur tous les livres de ce catalogue, lorsqu'ils viennent les prendre directement à la Librairie agricole, rue Jacob, 26, à Paris.

Au lieu de la remise de 10 % ci-dessus spécifiée, les abonnés ont droit à l'*envoi franco*, quand les livres doivent leur être remis à domicile; mais ce droit à l'*envoi franco* est réservé aux abonnés de France; il ne s'applique à l'étranger que si l'expédition doit se faire par la poste et dans la *première zone de l'Union postale*.

Enfin (*mais pour les abonnés de France seulement*) la remise de 10 % sera faite, ainsi que l'envoi franco, pour toute commande de plus de 50 francs, qui sera, dans ce cas, expédiée à la gare la plus voisine du lieu de destination.

La commande doit toujours être accompagnée du montant de sa valeur.

On ne reçoit que les lettres affranchies.

TYPOGRAPHIE FIRMIN-DIDOT. — MESNIL (EURE).

EXTRAIT DU CATALOGUE DE LA LIBRAIRIE AGRICOLE

Typographie Firmin-Didot. — Mesnil (Eure).

www.ingramcontent.com/pod-product-compliance
Ingram Content Group UK Ltd.
Pitfield, Milton Keynes, MK11 3LW, UK
UKHW022108190726
13855UKWH00002B/722

9 782013 355544